# El orden del tiempo

Carlo Rovelli

# El orden del tiempo

Traducción de Francisco J. Ramos Mena

EDITORIAL ANAGRAMA
BARCELONA

*Título de la edición original:*
L'ordine del tempo
Adelphi Edizioni S.p.A.
Milán, 2017

Con acuerdo de Ute Körner Literary Agent, S.L. – www.uklitag.com

*Ilustración:* © lookatcia

*Primera edición: mayo 2018*

Diseño de la colección: Julio Vivas y Estudio A


Pedró de la Creu, 58
08034 Barcelona

ISBN: 978-84-339-6422-9
Depósito Legal: B. 8515-2018

Printed in Spain

Liberdúplex, S. L. U., ctra. BV 2249, km 7,4 - Polígono Torrentfondo
08791 Sant Llorenç d'Hortons

*A Ernesto, Bilo y Edoardo*

# QUIZÁ EL MAYOR MISTERIO SEA EL TIEMPO

*Hasta las palabras que ahora pronunciamos*
*el tiempo en su furia*
*se las ha llevado ya*
*y nada retorna* (I, 11).*

Me detengo y no hago nada. No sucede nada. No pienso nada. Escucho el discurrir del tiempo.

Tal es el tiempo. Familiar e íntimo. Su furia nos lleva. Su apresurada sucesión de segundos, horas, años, nos lanza hacia la vida, luego nos arrastra hacia la nada... Lo habitamos como los peces habitan el agua. Nuestro ser es ser en el tiempo. Su arrullo nos alimenta, nos abre al mundo, nos turba, nos asusta, nos mece. El universo devana su devenir arrastrado por el tiempo, según el orden del tiempo.

La mitología hindú representa el río cósmico en la imagen divina de Shiva danzante: su danza rige el discurrir del universo, es el flujo del tiempo. ¿Qué hay más universal y evidente que ese discurrir?

Pero las cosas son más complejas. La realidad suele ser

* Los versos que abren todos los capítulos proceden de las *Odas* de Horacio; en el original italiano, el autor utiliza la versión de Giulio Galetto publicada en el volumen titulado *In questo breve cerchio* (Verona, Edizioni del Paniere, 1980). Dadas las disparidades que suele haber en las diferentes traducciones de los clásicos, y el peculiar estilo de esta versión de las *Odas,* nos ha parecido oportuno optar aquí por mantenerla y traducirla del italiano en lugar de reproducir los versos de Horacio de alguna edición española de su obra. *(N. del T.)*

distinta de lo que parece: la Tierra parece plana, y sin embargo es una esfera; el Sol parece girar a nuestro alrededor en el cielo, y en cambio somos nosotros quienes giramos en torno a él. Tampoco la estructura del tiempo es la que parece: es diversa de ese uniforme discurrir universal. Lo descubrí con estupor en los libros de física, en la universidad. El tiempo funciona de manera distinta de como se nos presenta.

En aquellos mismos libros descubrí también que todavía ignoramos cómo funciona de verdad el tiempo. Probablemente su naturaleza sigue siendo el mayor de los misterios. Extraños hilos lo ligan a otros grandes misterios aún por resolver: la naturaleza de la mente, el origen del universo, el destino de los agujeros negros, el funcionamiento de la vida... Hay algo esencial que sigue remitiendo a la naturaleza del tiempo.

La capacidad de asombro es la fuente de nuestro deseo de saber,[1] y descubrir que el tiempo no es como pensábamos plantea mil preguntas. La naturaleza del tiempo ha sido el centro de mi trabajo de investigación en física teórica durante toda mi vida. En las páginas que siguen explico lo que hemos aprendido del tiempo, las vías que estamos siguiendo para intentar comprenderlo mejor, lo que todavía no entendemos y lo que personalmente me parece intuir.

¿Por qué recordamos el pasado y no el futuro? ¿Somos nosotros quienes existimos en el tiempo, o el tiempo el que existe en nosotros? ¿Qué significa realmente que el tiempo «transcurre»? ¿Qué vincula el tiempo a nuestra naturaleza como sujetos?

¿Qué escucho cuando escucho el discurrir del tiempo?

Este libro está dividido en tres partes distintas. En la primera resumo lo que la física moderna ha llegado a comprender del tiempo. Es como tener en las manos un copo de nieve: mientras lo estudiamos se nos derrite entre los dedos hasta desaparecer. Normalmente concebimos el tiempo como algo sencillo, fundamental, que discurre de manera uniforme, indiferente a todo, desde el pasado hacia el futuro, medido por los relojes. En el curso del tiempo se suceden en orden los acontecimientos del universo: pasados, presentes, futuros. El pasado es fijo; el futuro abierto... Bueno, pues todo esto se ha revelado falso.

Los aspectos característicos del tiempo, uno tras otro, han resultado ser aproximaciones, errores debidos a la perspectiva, como la forma plana de la Tierra o la rotación del Sol. El incremento de nuestro saber se ha traducido en una lenta disgregación del concepto de tiempo. Lo que llamamos «tiempo» es una compleja colección de estructuras,[2] de estratos. Al estudiarlo cada vez con mayor profundidad, el tiempo ha ido perdiendo esos estratos, esos fragmentos, uno tras otro. La primera parte del libro es el relato de esa disgregación del tiempo.

La segunda parte describe lo que queda al final. Un paisaje vacío y azotado por el viento que parece haber perdido casi cualquier rastro de temporalidad. Un mundo extraño, ajeno; pero que es el nuestro. Es como llegar a lo alto de una montaña, donde solo hay nieve, roca y cielo. O como debió de ser para Armstrong y Aldrin aventurarse en la arena inmóvil de la Luna. Un mundo esencial que resplandece con una belleza árida, límpida e inquietante. La física en la que yo trabajo, la gravedad cuántica, es el esfuerzo por comprender y dar sentido coherente a este paisaje extremo y hermosísimo: el mundo sin tiempo.

La tercera parte del libro es la más difícil, pero también la más viva y la más próxima a nosotros. En el mundo sin tiempo debe de haber algo que en cualquier caso dé origen al tiempo que conocemos, con su orden, su pasado distinto del futuro y su tranquilo fluir. De algún modo, nuestro tiempo tiene que emerger a nuestro alrededor, a nuestra escala, para nosotros.[3]

Este es el viaje de vuelta, hacia el tiempo perdido en la primera parte del libro al seguir la gramática elemental del mundo. Como en una novela policíaca, aquí iremos en busca del culpable que ha engendrado el tiempo. Encontraremos una a una las piezas de las que se compone el tiempo con el que estamos familiarizados, no como estructuras elementales de la realidad, sino como aproximaciones útiles para esas criaturas torpes y desmañadas que somos nosotros los mortales, aspectos de nuestra perspectiva, y puede que también aspectos –determinantes– de lo que somos. Porque en última instancia –tal vez– el misterio del tiempo atañe a lo que somos más de lo que atañe al cosmos. Quizá, como en la primera y más grande de todas las novelas policíacas, el *Edipo rey* de Sófocles, el culpable sea el detective.

Ahí el libro se convierte en un magma candente de ideas, a veces luminosas, a veces confusas; si el lector me sigue, lo llevaré a donde yo creo que llega nuestro saber actual sobre el tiempo, hasta el gran océano nocturno y estrellado de lo que todavía ignoramos.

Primera parte

# La disgregación del tiempo

# 1. LA PÉRDIDA DE LA UNICIDAD

> Danzas de amor entrelazan
> a niñas dulcísimas
> iluminadas por la luna
> de estas límpidas noches (I, 4).

## *La ralentización del tiempo*

Empiezo con un sencillo hecho: el tiempo transcurre más deprisa en la montaña y más despacio en el llano.

La diferencia es pequeña, pero se puede medir con relojes de precisión que hoy se venden en Internet por un millar de euros. Con algo de práctica, cualquiera puede constatar la ralentización del tiempo. Con relojes de laboratorio especializados, dicha ralentización se observa incluso en un desnivel de unos pocos centímetros: el reloj que está en el suelo va un pelín más lento que el que está en la mesa.

No solo los relojes se ralentizan: abajo todos los procesos son más lentos. Dos amigos se separan: uno se va a vivir a la llanura; el otro a la montaña. Al cabo de unos años se encuentran: el de la llanura ha vivido menos, ha envejecido menos, el péndulo de su reloj de cuco ha oscilado menos veces, ha dispuesto de menos tiempo para hacer cosas, sus plantas han crecido menos, sus pensamientos han tenido menos tiempo para desarrollarse... Abajo hay menos tiempo que arriba.

¿Sorprendente? Puede que sí. Pero así está hecho el mundo. El tiempo pasa más despacio en algunos lugares y más deprisa en otros.

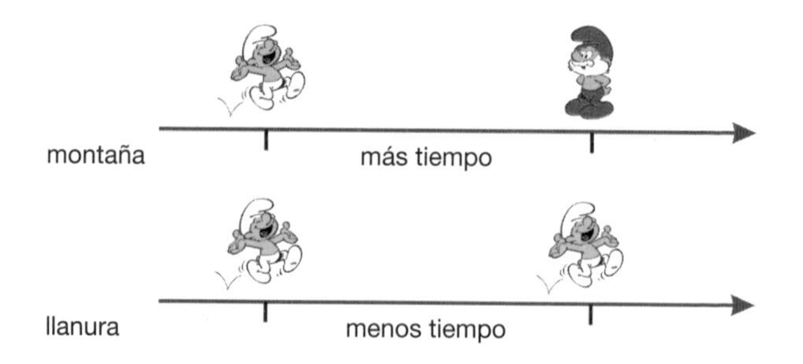


Lo que de verdad resulta sorprendente es que alguien comprendiera esa ralentización del tiempo un siglo antes de que dispusiéramos de los relojes necesarios para medirla: Einstein.

La capacidad de comprender antes de ver constituye el corazón del pensamiento científico. En la antigüedad, Anaximandro comprendió que el cielo continúa bajo nuestros pies antes de que hubiera barcos que dieran la vuelta a la Tierra. En los comienzos de la era moderna, Copérnico comprendió que la Tierra gira antes de que hubiera astronautas que la vieran girar desde la Luna. Del mismo modo, Einstein entendió que el tiempo no transcurre de manera uniforme antes de que hubiera relojes lo suficientemente precisos para medir la diferencia.

Al dar pasos como estos aprendemos que determinadas cosas que parecían obvias resultan ser prejuicios. El cielo –parecía– está *obviamente* arriba, no abajo, ya que de lo contrario la Tierra se caería. La Tierra –parecía– *obviamente* no se mueve, ya que de lo contrario ¡menudo desbarajuste! El tiempo –parecía– transcurre en todas partes a la misma velocidad, *es obvio*... Los niños crecen y aprenden que el mundo no es todo como parece entre las paredes de casa; la humanidad en su conjunto hace lo mismo.

Einstein se planteó una pregunta que quizá nos hayamos planteado muchos al estudiar la fuerza de la gravedad:

¿cómo lo hacen el Sol y la Tierra para «atraerse» mediante dicha fuerza si no se tocan ni utilizan nada en medio? Einstein buscó una respuesta plausible. Imaginó que el Sol y la Tierra no se atraen entre sí, sino que cada uno de ellos actúa gradualmente sobre lo que media entre ambos. Y como lo único que media entre ambos es espacio y tiempo, imaginó que el Sol y la Tierra modifican el espacio y el tiempo que les rodea, del mismo modo que un cuerpo que se sumerge en el agua desplaza agua a su alrededor. A su vez, la modificación de la estructura del tiempo influye en el movimiento de todos los cuerpos, haciéndolos «caer» unos sobre otros.[4]

¿Qué es esa «modificación de la estructura del tiempo»? Pues la ralentización del tiempo de la que hablábamos antes: todo cuerpo ralentiza el tiempo en sus inmediaciones. La Tierra, que es una gran masa, ralentiza el tiempo en torno a sí. Más en la llanura y menos en la montaña, porque esta última está un poco más lejos de la Tierra. De ahí que el amigo que vive en la llanura envejezca menos.

Si las cosas caen, es debido a esa ralentización del tiempo. Donde este discurre de manera uniforme, en el espacio interplanetario, las cosas no caen: flotan. En cambio aquí, en la superficie de nuestro planeta, el movimiento de las cosas se dirige de manera natural hacia allí donde el tiempo pasa más lento, como cuando en la playa corremos hacia el mar y la resistencia del agua en los pies nos hace caer de bruces sobre las olas. Las cosas caen hacia abajo porque abajo el tiempo se ve ralentizado por la Tierra.[5]

Así pues, aunque no podamos observarlo fácilmente, en cualquier caso la ralentización del tiempo tiene efectos llamativos: hace caer las cosas, y nos mantiene pegados con los pies en el suelo. Si los pies se adhieren al suelo, es porque todo nuestro cuerpo se dirige de manera natural hacia allí donde el tiempo pasa más despacio, y el tiempo discurre más lentamente para nuestros pies que para nuestra cabeza.

¿Parece extraño? Pues es como cuando, al observar en el ocaso que el Sol desciende alegremente y desaparece poco a poco tras las nubes lejanas, de repente caemos en la cuenta por primera vez de que el Sol no se mueve, sino que es la Tierra la que gira, y percibimos con los ojos locos de la mente todo el conjunto de nuestro planeta, y a nosotros con él, girando hacia atrás, alejándonos del Sol. Son los ojos del loco de la colina de Paul McCartney,[6] que, como los de tantos locos, ven más allá de nuestros adormecidos ojos cotidianos.

### *Diez mil Shivas danzantes*

Tengo cierta afición a Anaximandro, el filósofo griego que vivió hace veintiséis siglos y que ya entonces supo entender que la Tierra flota en el espacio sin apoyarse en nada.[7] Conocemos el pensamiento de Anaximandro a través de otros que hablaron de él, pero se conserva un fragmento de sus escritos, uno solo. Este:

> Las cosas se transforman una en otra según necesidad
> y se hacen mutuamente justicia según el orden del tiempo.

«Según el orden del tiempo» (κατά τὴν τοῦ χρόνου τάξιν). De uno de los momentos seminales de la ciencia de la naturaleza no nos quedan más que estas oscuras palabras de arcanas resonancias, esta apelación al «orden del tiempo».

La astronomía y la física se han desarrollado ambas siguiendo la indicación de Anaximandro: comprender cómo suceden los fenómenos *según el orden del tiempo*. La astronomía antigua describía los movimientos de los astros *en el tiempo*. Las ecuaciones de la física describen cómo cambian las cosas *en el tiempo*. Desde las ecuaciones de Newton que fundamentan la dinámica hasta las de Maxwell que describen los fenómenos electromagnéticos, desde la ecuación de Schrödinger que explica cómo evolucionan los fenómenos cuánticos hasta las de la teoría cuántica de campos que dan cuenta de la dinámica de las partículas subatómicas, toda nuestra física es la ciencia de cómo evolucionan las cosas «según el orden del tiempo».

Por una vieja convención, representamos ese tiempo con la letra *t* (de hecho, «tiempo» empieza por «t» en algunos idiomas como el francés, el inglés, el italiano y el español, pero no en otros como el alemán, el árabe, el ruso o el chino). ¿Qué indica *t?* Indica la cifra que medimos con un reloj. Las ecuaciones nos dicen cómo cambian las cosas a medida que pasa el tiempo medido por un reloj.

Pero si resulta que distintos relojes señalan diferentes tiempos, como hemos visto más arriba, entonces, ¿qué indica *t?* Cuando los dos amigos se reencuentran después de haber vivido uno en la montaña y el otro en la llanura, los relojes que llevan en la muñeca señalan tiempos distintos. ¿Cuál de los dos es *t?* Dos relojes de un laboratorio de física van a diferentes velocidades si uno está en la mesa y el otro en el suelo: ¿cuál de los dos señala el tiempo? ¿Cómo describir el desfase relativo de los dos relojes? ¿Hemos de decir que el reloj del suelo se ralentiza con respecto al tiempo real medido en la mesa?; ¿o qué el reloj de la mesa se acelera con respecto al tiempo real medido en el suelo?

La pregunta carece de sentido. Es como preguntarse si es *más real* el valor de la libra esterlina en dólares o el valor del dólar en libras esterlinas. No hay un valor real: hay dos monedas que tienen sendos valores *una con respecto a la otra*. No hay un tiempo más real: hay dos tiempos, señalados por relojes reales y diversos, que cambian *uno con respecto al otro*. Ninguno de los dos es más real que el otro.

O mejor dicho, no hay *dos* tiempos, sino montones de ellos. Un tiempo distinto para cada punto del espacio. No hay un solo tiempo; hay muchísimos.

El tiempo señalado por un determinado reloj, medido por un determinado fenómeno, se denomina en física «tiempo propio». Cada reloj tiene su tiempo propio. Cada fenómeno que acontece tiene su tiempo propio, su propio ritmo.

Einstein nos enseñó a formular ecuaciones que describen cómo evolucionan los tiempos propios *uno con respecto a otro*. Nos enseñó cómo calcular la diferencia entre dos tiempos.[8]

La cantidad individual «tiempo» se desintegra en una intrincada red de tiempos. No describimos cómo evoluciona el mundo en el tiempo: describimos el evolucionar de las cosas en tiempos locales y el evolucionar de los tiempos locales *uno con respecto a otro*. El mundo no es como un pelotón que avanza al ritmo de un comandante; es una red de eventos que influyen unos en otros.

Así describe el tiempo la teoría de la relatividad general de Einstein. Sus ecuaciones no tienen un tiempo: tienen innumerables tiempos. Entre dos acontecimientos, como la separación y el reencuentro de dos relojes, no hay una duración única.[9] La física no describe cómo evolucionan las cosas «en el tiempo», sino cómo evolucionan las cosas en sus propios tiempos, y cómo evolucionan «los tiempos» *uno con respecto a otro*.*

* Nota gramatical: la palabra «tiempo» se utiliza con distintos significados vinculados entre sí, pero distintos: 1) «Tiempo» es el fenómeno general de la sucesión de los acontecimientos («El tiempo es inexorable»); 2) «Tiempo» indica un intervalo a lo largo de esta sucesión («En el tiempo florido de la primavera»), o bien 3) su duración («¿Cuánto tiempo has esperado?»); 4) «Tiempo» también puede indicar un momento concreto («Es tiempo de emigrar»); 5) «Tiempo» indica la variable que mide la duración («La aceleración es la derivada de la velocidad con respecto al tiem-

El tiempo ha perdido ya el primer estrato: su unicidad. En cada lugar, el tiempo tiene un ritmo diferente, un distinto transitar. Las cosas del mundo trenzan danzas a ritmos diversos. Si el mundo está regido por Shiva danzante, entonces debe de haber diez mil de ellos, formando una gran danza común, como en un cuadro de Matisse...

po»). En este libro utilizo la palabra «tiempo» indistintamente en cada uno de esos significados, tal como hacemos en el lenguaje habitual. En caso de confusión, recuerde esta nota.

# 2. LA PÉRDIDA DE LA DIRECCIÓN

> Aunque más dulcemente que Orfeo,
> que hasta a los árboles conmovía,
> tú modularas la cítara,
> la sangre no volvería
> a la sombra vana...
> Duro destino,
> pero lo hace menos grave
> el soportar
> todo aquello que deshacer
> es imposible (I, 24)

*¿De dónde viene la eterna corriente?*

De acuerdo, los relojes van a velocidades distintas en la montaña y en la llanura; pero, en el fondo, ¿es eso lo que nos interesa del tiempo? El agua de un río fluye despacio junto a las orillas y deprisa en el centro, pero no deja de fluir... ¿No es el tiempo, en cualquier caso, algo que discurre siempre del pasado al futuro? Dejemos estar la medición concienzuda de *cuánto* tiempo pasa en la que me he afanado en el capítulo anterior: las *cifras* para medir el tiempo. Hay un aspecto más esencial: su discurrir, su fluir, la *eterna corriente* de la primera de las *Elegías de Duino* de Rilke:

> La eterna corriente
> arrastra siempre consigo todas las edades
> a través de ambos reinos
> y sobre entrambos se cierne.[10]

El pasado y el futuro son distintos. Las causas preceden a los efectos. El dolor sigue a la herida, no la anticipa. El vaso se rompe en mil pedazos, pero los mil pedazos no vuelven a formar el vaso. No podemos cambiar el pasado; podemos tener nostalgias, remordimientos, recuerdos de felicidad. En cambio, el futuro es incertidumbre, deseo, inquietud, espacio abierto, quizá destino. Podemos vivirlo, elegirlo, porque todavía no es; todo nos es posible... El tiempo no es una línea con dos direcciones iguales: es una flecha, con extremos distintos:

Esto es lo que de verdad nos interesa del tiempo, más que la velocidad a la que transcurre. Este es el núcleo del tiempo. Ese deslizarse que sentimos que nos quema en la piel, que percibimos en la ansiedad del futuro, en el misterio de la memoria; aquí se esconde el secreto del tiempo: el sentido de lo que entendemos cuando pensamos en el tiempo. ¿Qué es ese fluir? ¿Dónde anida en la gramática del mundo? ¿Qué distingue el pasado, y su haber sido, del futuro, y su no haber sido aún, entre los pliegues del mecanismo del mundo? ¿Por qué el pasado es tan diferente del futuro?

La física de los siglos XIX y XX se planteó estas preguntas y se tropezó con algo tan inesperado como desconcertante, bastante más que el hecho, en el fondo marginal, de que el tiempo transcurra a velocidades distintas en diferentes lugares: la diferencia entre pasado y futuro –entre causa y efecto, entre memoria y esperanza, entre remordimiento e intención– no existe en las leyes elementales que describen los mecanismos del mundo.

Todo empezó con un regicidio. El 16 enero de 1793, la *Convention Nationale* de París vota la condena a muerte de Luis XVI. Quizá una de las raíces profundas de la ciencia sea la rebelión: no aceptar el orden de las cosas presentes.[11] Entre los miembros que pronuncian el voto fatal se halla Lazare Carnot, amigo de Robespierre. Lazare es un apasionado del gran poeta persa Saadi de Shiraz; el poeta capturado y esclavizado por los cruzados en Acre, el poeta que escribió los luminosos versos que adornan la entrada de la sede de las Naciones Unidas:

> Todos los hijos de Adán forman un solo cuerpo,
> son de la misma esencia.
> Cuando el tiempo aflige con el dolor
> a una parte del cuerpo
> las otras partes sufren.
> Si no sientes la pena de los demás
> no mereces ser llamado humano.

Quizá una de las raíces profundas de la ciencia sea también la poesía: saber ver más allá de lo visible. En honor a Saadi, Carnot llamará Sadi a su primer hijo varón. Así nació, de la rebelión y la poesía, Sadi Carnot.

El joven se apasiona por las máquinas de vapor que en el siglo XIX están empezando a cambiar el mundo utilizando el fuego para hacer girar las cosas.

En 1824 escribe un librito con un título seductor: *Reflexiones sobre la potencia motriz del fuego,* donde trata de comprender las bases teóricas del funcionamiento de esas máquinas. El pequeño tratado está lleno de ideas erróneas: imagina que el calor es algo concreto, una especie de fluido, que produce energía al «caer» de las cosas calientes a las frías, como el agua de una cascada produce energía al caer de arriba abajo. Pero hay una idea clave: las máquinas de vapor funcionan en última instancia porque el calor pasa de lo caliente a lo frío.

El librito de Sadi termina en las manos de un austero profesor prusiano de mirada penetrante, Rudolf Clausius. Es él quien da en el quid de la cuestión, enunciando una ley que se hará célebre: si no cambia ningún otro factor circunstante,

el calor *no puede* pasar
de un cuerpo frío a uno caliente.

El punto crucial aquí es la diferencia con las cosas que caen: una pelota puede caer, pero también volver por sí sola; por ejemplo, en un rebote. El calor no.

Esta ley enunciada por Clausius es la *única* ley general de la física que diferencia el pasado del futuro.

Ninguna más lo hace: las leyes del mundo mecánico de Newton, las ecuaciones de la electricidad y el magnetismo de Maxwell, las de la gravedad relativista de Einstein, las de la mecánica cuántica de Heisenberg, Schrödinger y Dirac, las de las partículas elementales de los físicos del siglo XX..., *ninguna* de estas ecuaciones diferencia el pasado del futuro.[12] Si estas ecuaciones permiten una determinada secuencia de eventos, también permiten que la misma secuencia se desarrolle hacia atrás en el tiempo.[13] En las ecuaciones elementales del mundo,[14] la flecha del tiempo *solo* aparece cuando hay calor.* El

* Estrictamente hablando, la flecha del tiempo también se manifiesta en fenómenos no directamente ligados al calor, pero que comparten aspectos cruciales con este. Por ejemplo, en el uso de los potenciales

vínculo entre tiempo y calor es, pues, profundo: cada vez que se manifiesta una diferencia entre pasado y futuro, hay calor de por medio. En todos los fenómenos que devienen absurdos si se proyectan hacia atrás, hay siempre algo que se calienta.

Si veo una película en la que aparece una pelota rodando, no puedo decir si la película se está proyectando hacia delante o hacia atrás. Pero si en el filme la pelota pierde velocidad y se detiene, sé que se está proyectando hacia delante, ya que, de proyectarse hacia atrás, mostraría acontecimientos no plausibles: una pelota que se pone en movimiento por sí sola. El hecho de que la pelota pierda velocidad y se detenga se debe al rozamiento, que produce calor. Solo donde hay calor hay diferenciación entre pasado y futuro. Los pensamientos se desarrollan del pasado al futuro, y no al revés; y, en efecto, pensar genera calor en la cabeza...

Clausius introduce la magnitud que mide este transitar irreversible del calor en una única dirección, y –alemán y culto como es– le da un nombre derivado del griego, *entropía:* «Prefiero tomar el nombre de las magnitudes científicas importantes de las lenguas antiguas, de modo que puedan ser iguales en todas las lenguas vivas. Propongo, pues, llamar *entropía* de un cuerpo a la magnitud *S,* de la palabra griega para transformación: ἡ τροπή.»[15]

La entropía de Clausius es una magnitud mensurable y calculable,[16] representada por la letra *S,* que aumenta o permanece igual, pero *no disminuye nunca,* en un proceso aislado. Para indicar que no disminuye, se escribe:

$$\Delta S \geq 0$$

retardados en electrodinámica. También para estos fenómenos vale lo que sigue, y en particular las conclusiones. Prefiero no recargar la exposición dividiéndola en todos sus diversos subejemplos.

so erhält man die Gleichung:

$$(64).\ \int \frac{dQ}{T} = S - S_0,$$

welche, nur etwas anders geordnet, dieselbe ist, wie die unter (60) angeführte zur Bestimmung von *S* dienende Gleichung.

Sucht man für *S* einen bezeichnenden Namen, so könnte man, ähnlich wie von der Gröfse *U* gesagt ist, sie sey der *Wärme- und Werkinhalt* des Körpers, von der Gröfse *S* sagen, sie sey der *Verwandlungsinhalt* des Körpers. Da ich es aber für besser halte, die Namen derartiger für die Wissenschaft wichtiger Gröfsen aus den alten Sprachen zu entnehmen, damit sie unverändert in allen neuen Sprachen angewandt werden können, so schlage ich vor, die Gröfse *S* nach dem griechischen Worte ἡ τροπή, die Verwandlung, die *Entropie* des Körpers zu nennen. Das Wort *Entropie* habe ich absichtlich dem Worte *Energie* möglichst ähnlich gebildet, denn die beiden Gröfsen, welche durch diese Worte benannt werden sollen, sind ihren physikalischen Bedeutungen nach einander so nahe verwandt, dafs eine gewisse Gleichartigkeit in der Benennung mir zweckmäfsig zu seyn scheint.

Fassen wir, bevor wir weiter gehen, der Uebersichtlichkeit wegen noch einmal die verschiedenen im Verlaufe der

La página del artículo de Clausius donde se introducen el concepto y el nombre de «entropía». La ecuación es la definición matemática de la variación de la entropía ($S - S_0$) de un cuerpo: la suma (integral) de las cantidades de calor $dQ$ emanadas del cuerpo a la temperatura $T$.

Se lee: «Delta *S* es siempre mayor o igual a cero»; y a esto se lo denomina el «segundo principio de la termodinámica» (el primero es la conservación de la energía). Su contenido es el hecho de que el calor pasa solo de los cuerpos calientes a los fríos, y nunca al revés.

Perdóneme el lector la ecuación: es la única del libro. Es la ecuación de la flecha del tiempo; no podía dejar de escribirla en mi libro sobre el tiempo.

Es la única ecuación de la física fundamental que conoce la diferencia entre pasado y futuro. La única que nos habla del fluir del tiempo. En esta inusual ecuación se oculta todo un mundo.

Quien lo desvele será un desventurado y simpático austríaco, nieto de un fabricante de relojes, un personaje trágico y romántico a la vez: Ludwig Boltzmann.

*Desenfocar*

Es Ludwig Boltzmann quien empieza a vislumbrar lo que se oculta tras la ecuación $\Delta S \geq 0$, lanzándonos a uno de los saltos más vertiginosos hacia nuestra comprensión de la gramática íntima del mundo.

Ludwig trabaja en Graz, Heidelberg, Berlín, Viena, y luego de nuevo en Graz. Él dice de sí mismo que esa inestabilidad suya le viene del hecho de haber nacido el martes de carnaval. La ocurrencia es solo verdad a medias, puesto que su carácter es realmente inestable: es un hombre de corazón tierno, que oscila entre la exaltación y la depresión. Bajo, robusto, de cabello oscuro y rizado, y barba de talibán, su novia lo llamaba «mi dulce y querido gordinflón». Será él, Ludwig, el desventurado héroe de la dirección del tiempo.

Sadi Carnot creía que el calor era una sustancia, un fluido. Se equivocaba. El calor es la agitación microscópica de las moléculas. Un té caliente es un té cuyas moléculas se agitan mucho; un té frío es uno cuyas moléculas se agitan poco. En un cubito de hielo, que está todavía más frío, las moléculas se hallan aún más inmóviles.

A finales del siglo XIX muchos no creían todavía que las moléculas y los átomos existieran realmente; Ludwig estaba convencido de su realidad, e hizo de ello su lucha. Sus disputas con quienes no creían en los átomos serían épicas. «Los jóvenes, en nuestro corazón, estábamos todos de su parte», contará años después uno de los jóvenes leones de la mecánica cuántica.[17] En una de esas apasionadas polémicas, que tuvo lugar durante un congreso celebrado en Viena, un conocido físico[18] argumentó contra él que el materialismo científico había muerto porque las leyes de la materia no conocen la dirección del tiempo: hasta los físicos dicen tonterías.

Los ojos de Copérnico vieron girar la Tierra al contemplar cómo se ponía el Sol. Los ojos de Boltzmann vieron *moverse* frenéticamente los átomos y las moléculas contemplando un vaso de agua inmóvil.

Todos nosotros vemos el agua de un vaso como los astronautas ven la Tierra desde la Luna: como un tranquilo brillo azulado. De la exuberante agitación de la vida en la Tierra, sus plantas y animales, sus amores y desesperaciones, nada se ve desde la Luna; solo una jaspeada canica azul. Tras los reflejos de un vaso de agua hay una tumultuosa actividad análoga de miríadas de moléculas, muchas más que seres vivos hay en la Tierra.

Esta agitación lo *mezcla* todo. Si una parte de las moléculas está inmóvil, se ve arrastrada por el frenesí de las demás y también ella se pone en movimiento: la agitación se difunde, las moléculas colisionan y se empujan. Por eso las cosas frías se calientan al contacto con las calientes: sus moléculas colisionan con las moléculas calientes y se ven arrastradas a la agitación, es decir, se calientan.

La agitación térmica es como un constante barajar de cartas: si las cartas están en orden, la mezcla las desordena. De ese modo el calor pasa de lo caliente a lo frío, y no al revés: por la mezcla, por el desordenamiento natural de todo.

Así supo entenderlo Ludwig Boltzmann. La diferencia entre pasado y futuro no está en las leyes elementales del movimiento, ni en la gramática profunda de la naturaleza. Es el desordenamiento natural el que lleva a situaciones cada vez menos peculiares, menos especiales.

Se trata de una intuición brillante; y correcta. Pero ¿aclara el origen de la diferencia entre pasado y futuro? Pues no: solo desplaza la pregunta. Ahora esta pasa a ser: ¿por qué en una de las dos direcciones del tiempo –la que llamamos pasado– las cosas estaban ordenadas? ¿Por qué la gran baraja de cartas del universo estaba ordenada en el pasado? ¿Por qué en el pasado la entropía era baja?

Si observamos un fenómeno que *se inicia* en un estado de baja entropía, resulta evidente por qué esta última aumenta: porque, al mezclarse, todo se desordena. Pero ¿por qué los fenómenos que observamos a nuestro alrededor, en el cosmos, *se inician* en estados de baja entropía?

Llegamos al punto clave. Si las primeras 26 cartas de una baraja de póquer son todas rojas, y las 26 siguientes son todas negras, decimos que la configuración de las cartas es «particular»; es «ordenada». Ese orden se pierde al barajar las cartas. Se trata de una configuración «de baja entropía». Esta configuración es peculiar si observo el *color* de las cartas: rojas o negras. Pero es peculiar porque observo el color. Otra configuración puede ser peculiar porque las primeras 26 cartas son todas ellas corazones y picas. O bien impares, o las más deterioradas, o exactamente las mismas 26 de hace tres días... o cualquier otra característica. Si lo pensamos bien, *cualquier configuración es peculiar:* cualquier configuración es única, si observo *todos* los detalles, porque cualquier configuración tiene siempre algo que la caracteriza de un modo único. Cada niño es único y particular para su madre.

La idea de que ciertas configuraciones son más peculiares que otras (por ejemplo, 26 cartas rojas seguidas de 26 negras) solo tiene sentido si me limito a observar unos pocos aspectos de las cartas (como el color). Si diferencio todas las cartas, todas las configuraciones resultan ser equivalentes: no las hay más o menos particulares.[19] La noción de «peculiaridad» nace únicamente en el momento en que observo el universo de manera desenfocada, aproximativa.

Boltzmann nos enseñó que la entropía existe porque describimos el mundo de manera desenfocada. Demostró que la entropía es precisamente la magnitud que cuenta *cuántas* son las diversas configuraciones que nuestra visión desenfocada *no* distingue. Calor, entropía, baja entropía del pasado..., son conceptos que forman parte de una descripción aproximada, estadística, de la naturaleza.

Pero entonces la diferencia entre pasado y futuro, en última instancia, está ligada a ese desenfoque... Si pudiéramos tener en cuenta todos los detalles, el estado exacto, microscópico, del mundo, ¿desaparecerían los aspectos característicos del fluir del tiempo?

Sí. Si observo el estado microscópico de las cosas, la diferencia entre pasado y futuro desaparece. El futuro del mundo, por ejemplo, está determinado por el estado presente ni más ni menos de lo que lo está por el pasado.[20] Solemos decir que las causas preceden a los efectos, pero en la gramática elemental de las cosas no hay distinción entre «causa» y «efecto».[21] Hay regularidades, representadas por lo que llamamos leyes físicas, que vinculan eventos a tiempos diversos, regularidades simétricas entre futuro y pasado... En la descripción microscópica no hay un sentido en el que el pasado sea distinto del futuro.*

Esta es la desconcertante conclusión que emana del trabajo de Boltzmann: la diferencia entre pasado y futuro hace referencia a *nuestra* visión desenfocada del mundo. Tal conclusión nos deja estupefactos: ¿es posible que esta sensación mía tan vívida, elemental, existencial –el discurrir del tiempo– dependa del hecho de que no percibo el mundo en sus más diminutos detalles? ¿Que sea una especie de error de perspectiva debido a mi miopía? ¿De verdad, si pudiera ver y tomar en consideración la danza precisa de los miles de

* El tema no es que lo que le sucede a una cucharita fría dentro de una taza de té caliente dependa de que yo tenga una visión desenfocada o no. Obviamente, lo que le sucede a la cucharita y a sus moléculas no depende de cómo yo lo vea. Sucede y punto. El tema es que la descripción en términos de calor, temperatura y paso de calor del té a la cucharita constituye una visión desenfocada de lo que sucede, y solo en esta visión desenfocada aparece la llamativa diferencia entre pasado y futuro.

millones de moléculas, el futuro sería «como» el pasado? ¿Podría tener el mismo conocimiento –o ignorancia– del pasado que del futuro? Es cierto que nuestras intuiciones sobre el mundo a menudo son erróneas; pero ¿es posible que el mundo sea *tan* profundamente distinto de nuestra intuición?

Todo esto socava la base de nuestra forma habitual de comprender el tiempo. Genera incredulidad, tal como ocurrió con el movimiento de la Tierra. Pero, como en dicho movimiento, la evidencia es aplastante: todos los fenómenos que caracterizan el fluir del tiempo se reducen a un estado «particular» en el pasado del mundo, que solo resulta ser «particular» por el desenfoque de nuestra perspectiva.

Más adelante me aventuraré en la tentativa de adentrarnos en el misterio de este desenfoque, de cómo se vincula a la extraña improbabilidad inicial del universo. Por el momento me detengo en el asombroso hecho de que la entropía –y así lo entendió Boltzmann– no es otra cosa que el número de estados microscópicos que nuestra desenfocada visión del mundo es incapaz de distinguir.

La ecuación que afirma precisamente eso[22] está grabada en la tumba de Boltzmann, en Viena, encima de un busto de mármol que le representa como el hombre austero y grave que en mi opinión nunca fue. No son pocos los jóvenes estudiantes de física que van a visitar la tumba y se detienen pensativos ante ella. Y también, a veces, algún viejo profesor.

El tiempo ha perdido otra pieza crucial: la diferencia intrínseca entre pasado y futuro. Boltzmann entendió que no hay nada intrínseco en el fluir del tiempo. Solo el reflejo desenfocado de una misteriosa improbabilidad del universo en un punto del pasado.

Este es el único manantial de la *eterna corriente* de la elegía rilkeana.

Nombrado profesor de universidad con tan solo veinticinco años, recibido en la corte del emperador en su época de mayor éxito, ásperamente criticado por gran parte del mundo académico que no comprendía sus ideas, y siempre en vilo entre el entusiasmo y la depresión, el «dulce y querido gordinflón», Ludwig Boltzmann, terminará su vida ahorcándose.

En Duino, cerca de Trieste, mientras su mujer y su hija nadan en el Adriático.

Ese mismo Duino donde unos años después Rilke escribirá su elegía.

# 3. EL FIN DEL PRESENTE

> Se abre
> a este viento dulce de primavera
> el apretado hielo de la inmóvil estación
> y las barcas retornan al mar...
> Ahora debemos trenzar coronas
> y adornarnos con ellas la cabeza (I, 4).

## *También la velocidad ralentiza el tiempo*

Diez años antes de descubrir que las masas ralentizan el tiempo,[23] Einstein había comprendido ya que también la velocidad lo ralentiza.[24] La consecuencia de este descubrimiento es la más devastadora de todas para nuestra intuición del tiempo.

El hecho en sí es sencillo: en lugar de enviar a los dos amigos del primer capítulo a la montaña y a la llanura respectivamente, pedimos a uno de ellos que permanezca inmóvil y al otro que camine hacia delante y hacia atrás. El tiempo transcurrirá más lentamente para el amigo que camina.

Como ocurría antes, los dos amigos viven duraciones distintas: el que se mueve envejece menos, su reloj señala menos tiempo, tiene menos tiempo para pensar, la planta que lleva consigo tarda más en germinar, etc. Para todo lo que se mueve, el tiempo pasa más despacio.

Para que este pequeño efecto sea visible hay que moverse muy deprisa. La primera vez que se midió fue en la década de 1960, montando relojes muy precisos en aviones a reacción:[25] el reloj que viaja a bordo atrasa en relación con uno similar que se queda en tierra. Hoy, la ralentización del tiem-

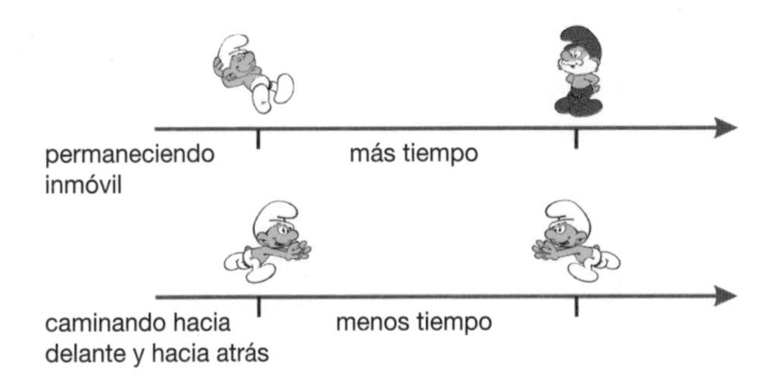


po debida a la velocidad se observa directamente en muchos experimentos de física.

También en este caso Einstein comprendió que el tiempo puede ralentizarse *antes* de que se observe el fenómeno. Fue cuando tenía veinticinco años y estudiaba el electromagnetismo. Tampoco es que fuera una deducción muy complicada: tanto la electricidad como el magnetismo habían sido ya bien descritos por las ecuaciones de Maxwell. Estas contienen la habitual variable tiempo, *t*, pero tienen una curiosa propiedad: si viajas a una determinada velocidad, *para ti* las ecuaciones de Maxwell dejan de ser válidas (es decir, que ya no describen lo que tú mides), a menos que llames «tiempo» a una variable distinta, *t'*.[26] Los matemáticos ya se habían dado cuenta de esta curiosidad de las ecuaciones de Maxwell,[27] pero nadie entendía qué significaba. Einstein lo entendió: *t* es el tiempo que pasa para mí, que estoy inmóvil, el ritmo al que acontecen los fenómenos que permanecen inmóviles conmigo; mientras que *t'* es «tu tiempo», el ritmo al que acontecen los fenómenos que se desplazan contigo. Así, *t* es el tiempo que mide mi reloj inmóvil, y *t'*, el tiempo que mide tu reloj en movimiento. Nadie había imaginado que el tiempo pudiera ser distinto para un reloj inmóvil y uno en movimiento. Einstein lo leyó en las ecuaciones del electromagnetismo: se las tomó en serio.[28]

Un objeto en movimiento experimenta, pues, una duración menor que uno inmóvil: el reloj marca menos segundos, una planta crece menos, un niño sueña menos. Para un objeto en movimiento[29] el tiempo se contrae. No solo no existe un tiempo común a distintos lugares, sino que ni siquiera existe un tiempo único en un solo lugar. Una duración únicamente puede asociarse a un movimiento de algo, a una determinada trayectoria. El «tiempo propio» no depende solo de dónde estamos, de la proximidad o no de masas, sino que depende también de la velocidad a la que nos movemos.

El hecho en sí es extraño. Pero su consecuencia resulta extraordinaria. Agárrese, que vienen curvas.

### *«Ahora» no significa nada*

¿Qué está ocurriendo *ahora* en un lugar remoto? Imaginemos, por ejemplo, que mi hermana ha viajado a Próxima b, un planeta recién descubierto que gira alrededor de una estrella cercana, situada a unos cuatro años luz de distancia de la Tierra. La pregunta sería: ¿qué está haciendo *ahora* mi hermana en Próxima b?

La respuesta correcta es que la pregunta no tiene sentido. Es como si, estando en Venecia, uno se preguntara: «¿Qué pasa *aquí* en Pekín?» No tiene sentido porque, si digo «aquí» y estoy en Venecia, hago referencia a un lugar que está en Venecia, no en Pekín.

Si me pregunto qué está haciendo *ahora* mi hermana, normalmente la respuesta es fácil: la miro. Si está lejos, la llamo por teléfono y se lo pregunto. Pero ¡atención!: cuando miro a mi hermana, estoy recibiendo luz que viaja de su cuerpo a mis ojos. La luz necesita algo de tiempo para recorrer ese trayecto, pongamos por caso un nanosegundo –es decir, una milmillonésima de segundo–; por lo tanto, yo no veo qué está haciendo mi hermana *ahora:* veo lo que estaba haciendo hace un nanosegundo. Si está en Nueva York y la llamo por teléfono, su voz tarda unos milisegundos en viajar desde Nueva York hasta mí; por lo tanto, puedo saber como mucho qué hacía mi hermana unos milisegundos antes. Una nimiedad.

Pero si mi hermana está en Próxima b, la luz necesita cuatro años para viajar desde allí hasta aquí. Luego, si observo a mi hermana con un telescopio, o si recibo una comunicación suya por radio, sabré qué hacía hace cuatro años, no qué hace ahora. Obviamente, «*ahora* en Próxima b» no es lo que veo en el telescopio ni lo que escucho de su voz a través de la radio.

¿Podría decir acaso que lo que hace mi hermana *ahora* es lo que hace cuatro años después del momento en que la observo por el telescopio? No, no funciona: cuatro años después del momento en que la observo, según su tiempo, podría estar ya de regreso en la Tierra, en lo que para mí sería dentro de diez años terrenales. ¡De modo que no hay un *ahora* seguro!

O bien: si hace diez años, al partir rumbo a Próxima b, mi hermana cogió un calendario para llevar la cuenta del tiempo, ¿puedo pensar que *ahora* para ella es el momento en que ha contado diez años? Tampoco funciona: diez años *suyos* después de la partida ella podría estar ya de regreso en la Tierra, donde mientras tanto han transcurrido veinte. Entonces, ¿cuándo es *ahora* en Próxima b?

La realidad es que debemos renunciar a esta pregunta.[30] No hay ningún momento especial en Próxima b que corresponda a lo que aquí y ahora es el presente.

Querido lector, le invito a hacer una pausa para dejar que su pensamiento asimile esta conclusión. Para mí, es la conclusión más asombrosa de toda la física contemporánea.

Preguntarse qué momento de la vida de mi hermana en Próxima b corresponde a *ahora* no tiene sentido. Es como preguntarse qué equipo de fútbol ha ganado el campeonato de baloncesto, cuánto dinero gana una golondrina o cuánto pesa una nota musical. Son preguntas sin sentido porque los equipos de fútbol juegan al fútbol y no al baloncesto; las golondrinas no se ocupan del dinero, y los sonidos no pesan. Los campeonatos de baloncesto remiten a los equipos de baloncesto, no a los de fútbol; las ganancias en dinero remiten a los humanos de nuestra sociedad, no a las golondrinas. Y la noción de «presente» remite a las cosas cercanas, no a las lejanas.

Nuestro «presente» no se extiende a todo el universo. Es como una burbuja en torno a nosotros.

¿Y qué extensión tiene esa burbuja? Depende de la precisión con la que determinamos el tiempo. Si es de nanosegundos, el presente se define solo para unos pocos metros; si es de milisegundos, el presente se define para unos kilómetros. Los humanos distinguimos a duras penas las décimas de segundo, de modo que podemos considerar tranquilamente todo el planeta Tierra como una única burbuja, donde hablamos del presente como de un instante común a todos nosotros. Pero no más allá.

Más allá está nuestro pasado: los acontecimientos ocurridos antes de aquello que podemos ver; y nuestro futuro: los acontecimientos que ocurrirán después del momento en que, desde allí, se pueda ver el aquí y el ahora. Pero entre unos y otros hay un intervalo que no es ni pasado ni futuro, y tiene una duración concreta: 15 minutos en Marte, 8 años en Próxima b, millones de años en la galaxia de Andrómeda. Es el denominado presente extendido;[31] quizá el mayor y más extraño de los descubrimientos de Albert Einstein.

La idea de que exista un *ahora* bien definido en cualquier parte del universo es, pues, una ilusión, una extrapolación arbitraria de nuestra experiencia.[32] Es como el punto donde el arco iris se junta con el bosque: nos parece vislumbrarlo, pero, si nos acercamos a verlo, desaparece.

Si en el espacio interplanetario me pregunto: ¿estas dos piedras están «a la misma altura»?, la respuesta correcta es: «La pregunta no tiene sentido, porque no hay una única noción de "misma altura" en el universo.» Si me pregunto: ¿estos dos eventos, uno en la Tierra y el otro en Próxima b, acontecen «en el mismo momento»?, la respuesta correcta es: «La pregunta no tiene sentido, porque no hay "un mismo momento" definido en el universo.»

El «presente del universo» no significa nada.

*La estructura temporal sin el presente*

Gorgo fue la mujer que salvó a Grecia al comprender que una tablilla de cera enviada desde Persia por un griego contenía un mensaje secreto oculto *bajo* la cera; un mensaje que avisaba con antelación a los griegos del ataque persa. Gorgo tuvo un hijo, Plistarco, con Leónidas, rey de Esparta (el héroe de las Termópilas), que también era su tío, hermano de su padre Cleómenes. ¿Quién pertenece a la «misma generación» de Leónidas? ¿Gorgo, que es la madre de su hijo, o Cleómenes, que es hijo del mismo padre? A continuación incluyo un pequeño esquema para quienes, como yo, tengan dificultades con las relaciones de parentesco:

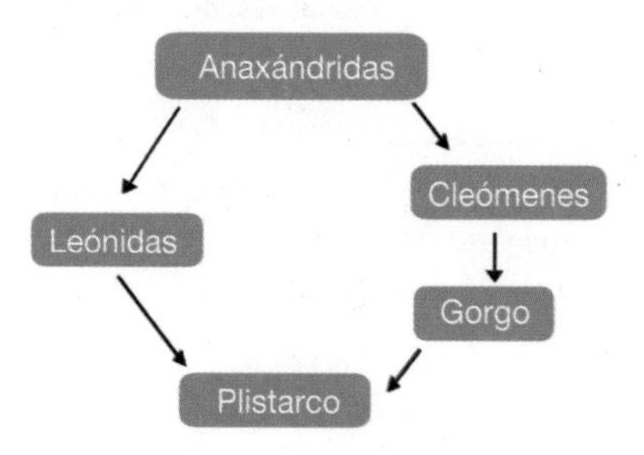


Hay una analogía entre las generaciones y la estructura temporal del mundo revelada por la relatividad: no tiene sentido preguntarse si es Cleómenes o Gorgo quien pertenece «a la misma generación» de Leónidas, porque no existe una noción unívoca[33] de «misma generación». Si decimos que Leónidas y su hermano son «de la misma generación» porque tienen el mismo padre, y que Leónidas y su mujer son «de la misma generación» porque tienen el mismo hijo, entonces hemos de admitir que esa «misma generación» incluye tanto a Gorgo como a su padre. La relación de filiación establece un orden entre los seres humanos (Leónidas, Gorgo y Cleómenes vienen todos ellos *después* de Anaxándridas y *antes* de Plistarco...), pero no entre *todos* los seres humanos: Leónidas y Gorgo no van ni antes ni después uno con respecto al otro.

Los matemáticos llaman «orden parcial» al orden establecido por la relación de filiación. Un orden parcial establece una relación de *antes* y *después* entre algunos elementos, pero no entre todos. Los seres humanos forman un conjunto «parcialmente ordenado» (no «completamente ordenado») por la relación de filiación. Esta última establece un orden (*antes* de los descendientes, *después* de los ascendientes), pero no entre todos. Para ver cómo se configura ese orden, basta pensar en un árbol genealógico como este de Gorgo:

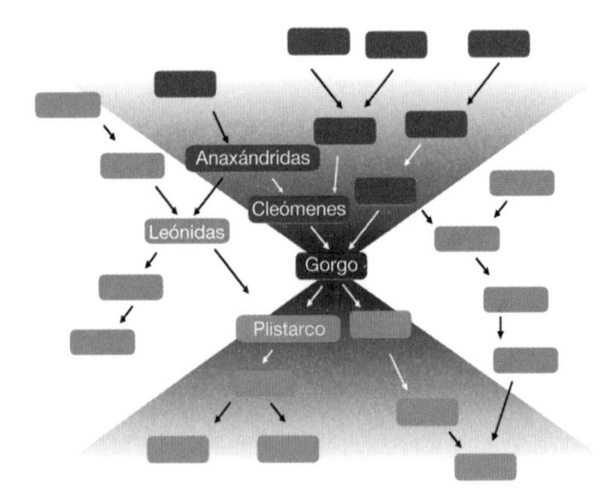

Hay aquí un cono «pasado» integrado por sus ancestros y un cono «futuro» integrado por sus descendientes. Quienes no son ni antepasados ni descendientes quedan fuera de los conos.

Cada ser humano tiene su propio cono pasado de ancestros y su propio cono futuro de descendientes. A continuación se representan los de Leónidas, junto a los de Gorgo:

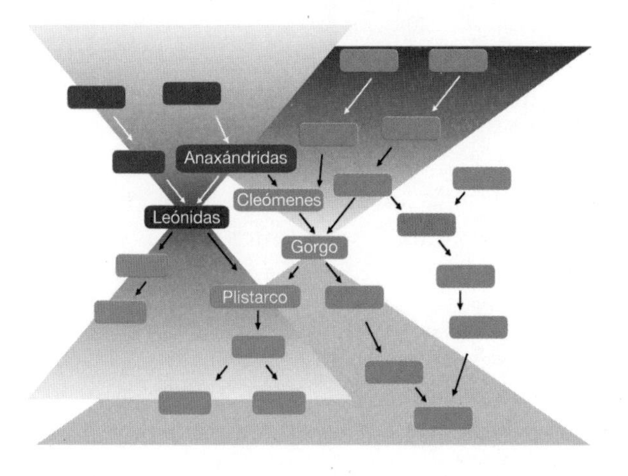


La estructura temporal del universo es muy similar. También ella está hecha de conos. La relación de «preceder temporalmente» es una relación de orden parcial hecha de conos.[34] La relatividad especial es el descubrimiento de que la estructura temporal del universo es como los parentescos: define un orden entre los eventos del universo que es *parcial* y no *completo*. El presente extendido es el conjunto de los eventos que no son ni pasados ni futuros: existe, como existen seres humanos que no son ni nuestros descendientes ni nuestros ascendientes.

Si queremos representar todos los eventos del universo y sus relaciones temporales, ya no podemos hacerlo con una única distinción universal entre pasado, presente y futuro, así:

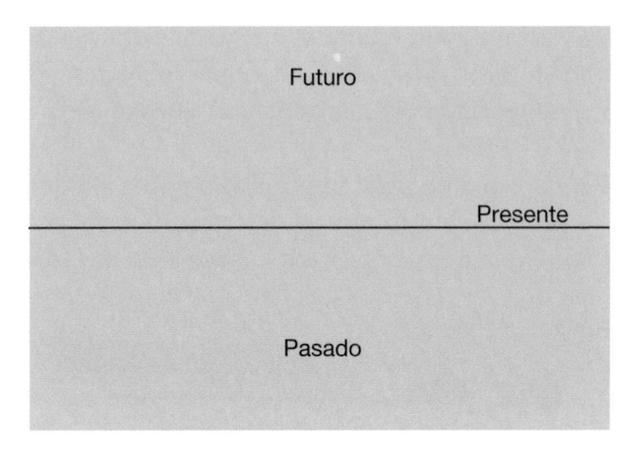


tenemos que hacerlo, en cambio, situando encima y debajo de cada evento el cono de sus eventos futuros y pasados:

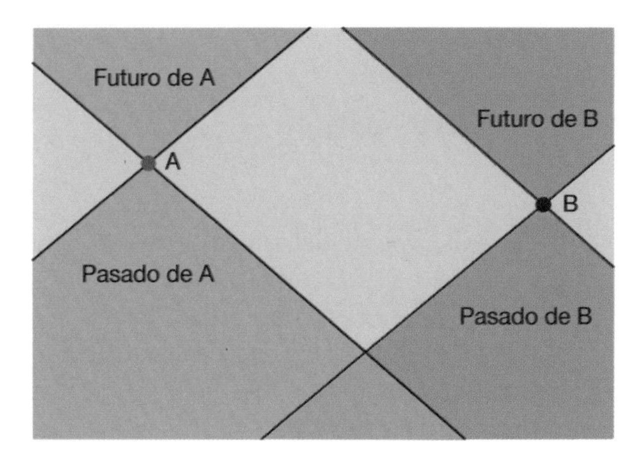


(los físicos tienen la costumbre –no sé por qué– de representar el futuro arriba y el pasado abajo, al contrario de los árboles genealógicos). Cada evento tiene su pasado, su futuro, y una parte de universo ni pasada ni futura, del mismo modo que cada ser humano tiene ascendientes, descendientes, y otros que no son ni lo uno ni lo otro.

La luz viaja a lo largo de las líneas oblicuas que delimitan estos conos. De ahí que se los denomine «conos de luz». Es útil dibujar estas líneas oblicuas a 45 grados, como en la ilustración anterior, pero sería más realista dibujarlas mucho más horizontales; así:

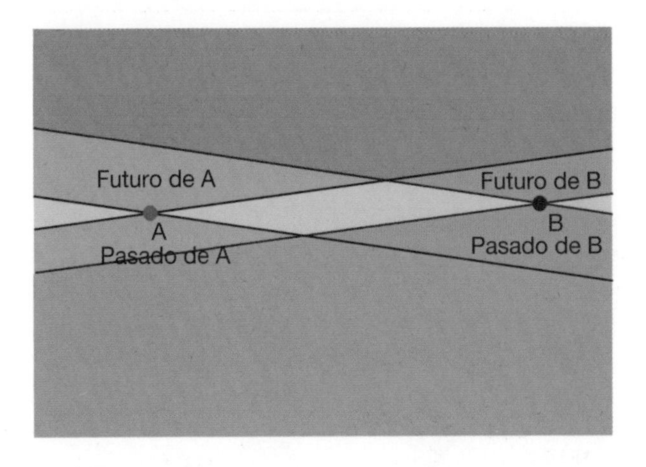


porque, en las escalas en las que normalmente nos movemos, el presente extendido, que separa nuestro pasado de nuestro futuro, es muy breve (cuestión de nanosegundos) y casi imperceptible, por lo que se «aplasta» en una fina banda horizontal, que es lo que generalmente llamamos «presente», sin otra calificación.

En resumen: no existe un presente común; la estructura temporal del espacio-tiempo no es una estratificación de tiempos como esta:

sino que es más bien la estructura formada por el conjunto de todos los conos de luz:

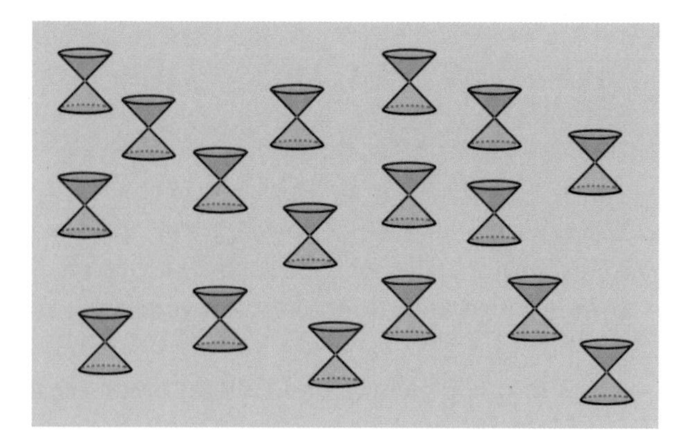

Esta es la estructura del espacio-tiempo que Einstein concibió a los veinticinco años.

Diez años después comprendió que la velocidad a la que discurre el tiempo cambia de un lugar a otro. De ello se sigue que el dibujo del espacio-tiempo no es en realidad tan ordenado como aparece arriba, sino que puede ser deformado. Es más bien así:

Cuando pasa una onda gravitatoria, por ejemplo, los pequeños conos de luz oscilan todos a la vez a derecha e izquierda como las espigas de grano cuando sopla el viento. La estructura de los conos puede llegar a ser tal que, avanzando siempre hacia el futuro, se vuelva al mismo punto del espacio-tiempo; así:

de modo que una trayectoria continua hacia el futuro retorne al evento de partida.[35]* El primero que pensó en ello fue

* Las «líneas temporales cerradas», donde el futuro reconduce al pasado, son las que asustan a quienes piensan que un hijo podría ir a matar

Kurt Gödel, el gran lógico del siglo XX y uno de los últimos amigos de Einstein: ambos paseaban juntos a edad avanzada por los caminos de Princeton.

En las inmediaciones de un agujero negro los conos de luz se inclinan todos hacia el agujero, así:[36]

porque la masa del agujero negro ralentiza el tiempo hasta tal punto que en el borde (el llamado «horizonte») el tiempo se detiene. Si se fija, verá que la superficie del agujero negro es paralela a los bordes de los conos. Por lo tanto, para salir de un agujero negro haría falta moverse (como en la trayectoria roja de la figura que sigue) hacia el presente, ¡en lugar de hacerlo hacia el futuro!

---

a su madre antes de nacer él mismo. Pero no hay ninguna contradicción lógica en la existencia de líneas temporales cerradas o de viajes al pasado; somos nosotros quienes complicamos las cosas con nuestras confusas fantasías sobre la libertad del futuro.

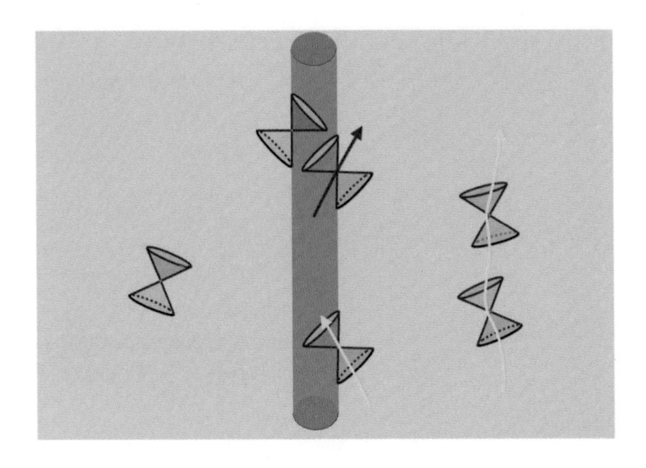

Lo cual es imposible, ya que los objetos solo se mueven hacia el futuro, como en las trayectorias amarillas de la figura. Eso es un agujero negro: una inclinación hacia el interior de los conos de luz, que dibuja un horizonte; cierra una región de espacio en el futuro de todo lo que le rodea. Nada más que eso. Es la curiosa estructura local del presente la que produce los agujeros negros.

Hace más de cien años que sabemos que el «presente del universo» no existe. Y, sin embargo, este hecho todavía nos confunde, nos parece difícil de intuir. De vez en cuando algún físico se rebela y prueba a decir que no es cierto.[37] Los filósofos siguen debatiendo en torno a la desaparición del presente. Hoy abundan las conferencias sobre este tema.

Si el presente no significa nada, ¿qué «existe» en el universo? ¿Acaso lo que «existe» no es lo que hay «en el presente»? La propia idea de que el universo exista *ahora* en una determinada configuración, y cambie todo junto con el paso del tiempo, ya no sirve.

# 4. LA PÉRDIDA DE LA INDEPENDENCIA

> Y sobre esa ola
> navegaremos todos
> cuantos nos alimentamos
> de los frutos de la tierra (II, 14).

*¿Qué sucede cuando no sucede nada?*

Bastan unos pocos microgramos de LSD para que nuestra experiencia del tiempo se dilate de un modo imponente y mágico a la vez.[38] «¿Cuánto tiempo es para siempre?», pregunta Alicia. «A veces, solo un segundo», responde el Conejo Blanco. Hay sueños que duran instantes donde todo parece congelado durante una eternidad.[39] En nuestra experiencia personal el tiempo es elástico. Hay horas que vuelan como minutos y minutos que oprimen lentamente como si fueran siglos. Por una parte, el tiempo está estructurado por la liturgia religiosa: la Pascua sigue a la Cuaresma, y la Cuaresma sigue a la Navidad; el Ramadán se abre con el Hilal y se cierra con el Eid al-Fitr. Por otra parte, toda experiencia mística, como el momento sagrado en que se consagra la hostia, sitúa a los fieles fuera del tiempo, en contacto con la eternidad. Antes de que Einstein nos dijera que no era así, ¿cómo demonios se nos ocurrió pensar que el tiempo debía de transcurrir en todas partes a la misma velocidad? Desde luego, no es nuestra *experiencia* directa de la duración la que nos ha proporcionado la idea de que el tiempo transcurre igual siempre y en todo lugar. Entonces, ¿de dónde la hemos sacado?

Desde hace siglos *dividimos* el tiempo en días. La palabra «tiempo» se deriva de una raíz indoeuropea, *di* o *dai,* que denota la acción de «dividir». También desde hace siglos dividimos el día en horas.[40] Sin embargo, durante la mayor parte de esos siglos las horas fueron más largas en verano y más cortas en invierno, porque las 12 horas marcaban el tiempo transcurrido entre el amanecer y el ocaso: la hora sexta era el alba, independientemente de la estación, tal como se lee en la parábola del viñador del Evangelio de San Mateo.[41] Dado que (decimos hoy) en verano pasa «más tiempo» entre el amanecer y el ocaso que en invierno, en verano las horas eran largas, y en invierno cortas...

En el mundo antiguo había ya relojes de sol, de arena y de agua en la cuenca del Mediterráneo y en China, pero no desempeñaban el papel que tienen actualmente los relojes en la organización de nuestra vida. Solo hacia el siglo XIII, en Europa, la vida de la gente empezará a regirse por relojes mecánicos. Ciudades y pueblos construirán iglesias, con su campanario adosado, y en este un reloj que marcará el ritmo de las funciones colectivas. Se inicia así la era del tiempo regulado por los relojes.

Poco a poco, el tiempo se desliza de la mano de los ángeles a la de los matemáticos: buena muestra de ello es la catedral de Estrasburgo, donde dos relojes de sol construidos con pocos siglos de diferencia son sustentados el uno por un ángel (el de 1200) y el otro por un matemático (el de finales de 1400).

La utilidad de los relojes consiste en que todos marquen la misma hora. Pero también esta idea es más moderna de lo que cabría imaginar. Durante siglos, mientras se viajó a caballo, a pie, en carro o carruaje, no había necesidad de sincronizar los relojes de distintos lugares. De hecho, había una buena razón para *no* hacerlo: mediodía es, por definición, cuando el sol está más alto en el cielo. Toda ciudad o pueblo

tenía un reloj de sol que verificaba el momento en que el sol estaba en el mediodía y permitía regular el reloj del campanario, que todos podían ver. El sol no alcanza el mediodía en el mismo momento en Nápoles, Venecia, Florencia o Turín, porque se desplaza de este a oeste. Así, el mediodía llega primero a Venecia y bastante más tarde a Turín, de modo que durante siglos los relojes de Venecia tuvieron su buena media hora de adelanto con respecto a los de Turín. Cada pueblecito tenía su «hora» peculiar. La estación de París mantenía una hora propia, con cierto retraso con respecto al resto de la ciudad, por cortesía hacia los viajeros.[42]

En el siglo XIX llega el telégrafo, los trenes se convierten en un medio de transporte rápido y habitual, y el problema de sincronizar bien los relojes entre distintas ciudades pasa a adquirir una gran importancia: resulta incómodo organizar horarios ferroviarios si cada estación tiene una hora diferente de las demás. Estados Unidos es el primer país que intenta unificar la hora. La propuesta inicial es fijar una hora universal para todo el mundo. Llamar, por ejemplo, «12 horas» al momento en que es mediodía *en Londres,* de forma que el mediodía caería a las 12.00 en Londres y cerca de las 18.00 en Nueva York. La propuesta no gusta, porque la gente está apegada a los horarios locales. En 1883 se llega a una solución de compromiso, con la idea de dividir el mundo en distintos husos «horarios» y unificar la hora solo dentro de cada huso. De este modo, la discrepancia entre las 12 del reloj y el mediodía local se ve restringida a un máximo de unos 30 minutos. La propuesta se va aceptando poco a poco en el resto del mundo, y empiezan a sincronizarse los relojes entre diversas ciudades.[43]

No puede ser casual que el joven Einstein, antes de tener un puesto en la universidad, trabajara en la oficina de patentes suiza y se ocupara, entre otras cosas, precisamente de las patentes relacionadas con la sincronización de los relojes entre las distintas estaciones ferroviarias. Probablemente fue allí donde se le ocurrió la idea de que la sincronización de los relojes podría resultar, en última instancia, un problema irresoluble.

En otras palabras, que solo transcurrieron unos pocos años entre el momento en que la humanidad se puso de acuerdo para sincronizar los relojes y el momento en que Einstein se dio cuenta de que en realidad no es posible hacerlo de manera exacta.

Antes de los relojes, durante milenios, la única medida regular del tiempo para la humanidad era la alternancia del día y la noche. El ritmo de día y noche también marca la vida de animales y plantas. Los ritmos diurnos son ubicuos en el mundo viviente. Resultan esenciales para la vida, y personalmente me parece probable que también hayan desempeñado un papel clave en el propio origen de la vida en la Tierra: se necesita una oscilación para poner en marcha un mecanismo. Los organismos vivientes están llenos de relojes de diversos tipos: moleculares, neuronales, químicos, hormonales..., más o menos armonizados entre sí.[44] Hay mecanismos químicos que marcan el ritmo de las 24 horas hasta en la bioquímica elemental de las células individuales.

El ritmo diurno es una fuente elemental de nuestra concepción del tiempo: a la noche le sigue el día; al día le sigue la noche. Nosotros contamos el tictac de ese gran reloj, contamos los días. En la antigua conciencia de la humanidad, el tiempo es ante todo el recuento de los días.

Además de los días, se han contado también los años y las estaciones, los ciclos lunares, las oscilaciones de un péndulo, el número de veces que se da la vuelta a un reloj de arena... Así es como tradicionalmente hemos concebido el tiempo: contar cómo cambian las cosas.

Aristóteles fue el primero que sabemos que se planteó el problema de qué era el tiempo, y llegó a esta conclusión: el tiempo es la medida del cambio. Las cosas cambian continuamente: llamamos «tiempo» a la medida, a la contabilidad, de ese cambio.

La idea de Aristóteles es sólida: el tiempo es eso a lo que nos referimos cuando preguntamos «¿cuándo?». «¿Dentro de cuánto *tiempo* volverás?» significa «¿cuándo volverás?». La respuesta a la pregunta «¿cuándo?» hace referencia a algo que acontece. «Volveré dentro de tres días» significa que entre mi partida y mi regreso el sol habrá completado tres «revoluciones» en el cielo. Es sencillo.

Pero entonces, si nada cambia, si nada se mueve, ¿no transcurre el tiempo?

Aristóteles pensaba que era así. Si nada cambia, el tiempo no pasa, porque el tiempo es nuestra forma de situarnos con respecto al cambio de las cosas; nuestro modo de situarnos con respecto al recuento de los días. El tiempo es la medida del cambio:[45] si nada cambia, no hay tiempo.

¿Y el tiempo cuyo discurrir escucho en el silencio? «Aunque esté oscuro y no suframos ninguna afección corporal», escribe Aristóteles en la *Física,* «sigue existiendo cierto movimiento presente en el alma, y enseguida nos parece que simultáneamente también está transcurriendo cierto tiempo.»[46] En otras palabras, también el tiempo cuyo transcurso percibimos en nuestro interior es la medida de un movimiento: un movimiento interno nuestro... Si nada se mueve, no hay tiempo, porque el tiempo es solo el rastro del movimiento.

Newton, en cambio, supuso exactamente lo contrario.

Escribe en los *Principios,* su obra maestra: «No defino el tiempo [...] por ser harto conocido de todos. Hay que observar, no obstante, que normalmente esta magnitud no se concibe más que en relación con cosas sensibles. De aquí nacen los diversos prejuicios para cuya erradicación conviene distinguir el tiempo *relativo, aparente y banal del absoluto, real* y *matemático.* El tiempo relativo, aparente y banal es una medida sensible y externa de la duración a través del movimiento, que normalmente se emplea en lugar del verdadero tiempo: tales son la hora, el día, el mes, el año... El tiempo absoluto, real, matemático, en sí y por su propia naturaleza, discurre uniformemente sin relación con nada externo.»[47]

En otras palabras, Newton reconoce que existe el «tiempo» que mide los días y los movimientos, el de Aristóteles (relativo, aparente y banal); pero declara que, además de este, tiene que existir también *otro* tiempo. El tiempo «real»: que transcurre *en cualquier caso,* y es independiente de las cosas y de su acontecer. Si todas las cosas se quedaran inmóviles, y hasta los movimientos de nuestra alma se congelaran, ese tiempo, afirma Newton, seguiría discurriendo, imperturbable e igual a sí mismo: el tiempo «real». Es lo contrario de lo que escribía Aristóteles.

El tiempo «real», dice Newton, no nos resulta accesible directamente, sino solo de manera indirecta, mediante el cálculo. No es el que proporcionan los días, porque «en realidad los días naturales no tienen la misma duración, aunque normalmente se les considere iguales, y los astrónomos tienen que corregir esa variabilidad utilizando deducciones precisas a partir de los movimientos celestes».[48]

¿Quién tenía razón? ¿Aristóteles o Newton? Dos de los más perspicaces y profundos investigadores de la naturaleza que la humanidad ha tenido nunca nos sugieren dos formas opuestas de concebir el tiempo. Dos gigantes nos arrastran en direcciones opuestas.[49]

Aristóteles:
El tiempo es solo medida
del cambio.

Newton:
Hay un tiempo que discurre
incluso cuando nada cambia.

¿El tiempo es solo una manera de medir cómo cambian las cosas, como quería Aristóteles, o bien debemos pensar que existe un tiempo absoluto, independiente de estas, que discurre por sí solo? La pregunta pertinente es: ¿cuál de estas dos formas de concebir el tiempo nos ayuda mejor a comprender el mundo? ¿Cuál de los dos esquemas conceptuales resulta más eficaz?

Durante algunos siglos la razón pareció estar del lado de Newton. Su esquema, basado en la idea de un tiempo independiente de las cosas, permitió la construcción de la física moderna, que funciona condenadamente bien. Y presupone la existencia del tiempo como una entidad que discurre de manera uniforme e imperturbable. Newton formula ecuaciones que describen cómo se mueven las cosas *en el tiempo:* contienen la letra *t,* el tiempo.[50] Pero ¿qué indica esta letra? ¿Indica el tiempo *t* que señalan las horas más largas del verano y más cortas del invierno? Evidentemente no. Indica el tiempo «absoluto, real y matemático», que Newton presupone que discurre *independientemente de qué cambia o de qué se mueve.*

Para Newton, los relojes son aparatos que intentan, aunque de manera siempre imprecisa, seguir ese discurrir igual y uniforme del tiempo. Escribe Newton que ese tiempo «absoluto, real y matemático» no es perceptible. Hay que deducirlo, con cálculo y atención, de la regularidad de los fenómenos. El tiempo de Newton no es una evidencia para nuestros sentidos: es un elegante constructo intelectual. Si, querido lector, la existencia de este tiempo newtoniano independiente de las cosas le parece algo sencillo y natural, sin duda es porque tuvo ocasión de estudiarlo en la escuela; porque en cierta forma se ha convertido a la vez en el modo de pensar de todos nosotros. Ha salido de los libros de texto de todo el mundo para pasar a ser nuestra forma común de concebir el tiempo. Lo hemos convertido en nuestra intuición. Pero la existencia de un tiempo uniforme, independiente de las cosas y de su movimiento, que *hoy* puede parecernos natural, no es una intuición antigua y natural de la humanidad. Es una idea de Newton.

La mayoría de los filósofos, de hecho, reaccionaron mal a la idea: es célebre la furiosa reacción de Leibniz en defensa de la tesis tradicional según la cual el tiempo es solo un orden de acontecimientos y no existe como entidad autónoma. Dice la leyenda que Leibniz, cuyo nombre todavía aparece a veces escrito con una «t» (Leibnitz), le quitó dicha letra a propósito como testimonio de su fe en la *no* existencia de *t*, el tiempo.[51]

Hasta Newton, para la humanidad el tiempo era el modo de contar cómo cambian las cosas. Hasta él nadie había pensado que pudiera existir un tiempo independiente de las cosas. Es un error interpretar nuestras intuiciones y conceptos como «naturales»: a menudo son el producto de las ideas de los audaces pensadores que nos han precedido.

Pero entre los dos gigantes, Aristóteles y Newton, ¿de verdad es Newton el que tiene razón? ¿Qué es exactamente ese «tiempo» que introdujo Newton, de cuya existencia convenció al mundo entero, que funciona tan bien en sus ecuaciones, y que *no* es el tiempo que percibimos?

Para superar el conflicto entre los dos gigantes, y de una manera extraña ponerlos de acuerdo, haría falta un tercer gigante. Pero antes de llegar a él, permítaseme hacer una breve digresión sobre el espacio.

### *¿Qué hay donde no hay nada?*

Las dos interpretaciones del tiempo (medida del «cuándo» con respecto a los acontecimientos, como quería Aristóteles, o entidad que transcurre también cuando no ocurre nada, como quería Newton) pueden repetirse para el caso del espacio.

El tiempo es eso de lo que hablamos al preguntar «¿cuándo?»; el espacio es eso de lo que hablamos al preguntar «¿dónde?». Si pregunto dónde está el Coliseo, una respuesta es «en Roma». Si pregunto «¿dónde estás?», una posible respuesta es «en mi casa». Responder a «¿dónde está algo?» implica indicar qué hay *a su alrededor*. Qué otras cosas hay *en torno* a ese algo. Si digo «estoy en el Sáhara», el lector me imaginará rodeado de extensiones de dunas.

Aristóteles fue el primero en exponer con atención y profundidad qué significa «espacio» o «lugar», y en dar una definición precisa: el lugar de una cosa es lo que está en torno a ella.[52]

Como en el caso del tiempo, Newton sugería una concepción distinta. Denominó «relativo, aparente y banal» al espacio definido por Aristóteles, consistente en enumerar qué hay alrededor de algo. Y «absoluto, real y matemático» al espacio en sí que existe incluso donde no hay nada.

La diferencia entre Aristóteles y Newton es patente. Para Newton, entre dos cosas puede haber también «espacio vacío». Para Aristóteles, el concepto de «espacio vacío» es absurdo, porque el espacio es solo el orden de las cosas. Si no hay cosas –su extensión, su contacto mutuo–, no hay espacio. Newton imagina que las cosas están situadas en un «espacio» que sigue existiendo, vacío, aunque quitemos esas cosas. Para Aristóteles el «espacio vacío» no tiene sentido, porque si dos cosas no se tocan significa que entre ellas hay algo distinto, y si hay algo, ese algo es una cosa, y por lo tanto algo hay: no puede no haber «nada».

Personalmente me resulta curioso que estas dos formas de concebir el espacio provengan de nuestra experiencia cotidiana. La diferencia existe debido a un gracioso accidente del mundo en el que vivimos: la tenuidad del aire, cuya presencia percibimos apenas. Así, podemos decir: veo una mesa, una silla, una pluma, el techo, y entre la mesa y yo *no hay nada;* o bien que entre una cosa y otra *hay aire.* A veces hablamos del aire como si fuese algo, y otras como si no fuera nada. A veces como si estuviera, y otras como si no estuviera. Decimos «este vaso está vacío» para decir que está lleno de aire. Podemos concebir, pues, el mundo que nos rodea como «casi vacío», con solo algunos objetos dispersos aquí y allá, o bien, alternativamente, como «completamente lleno», de aire. En el fondo, ni Aristóteles ni Newton hacían metafísica profunda: solo utilizaban estos dos modos diversos, intuitivos e ingenuos de ver el mundo que nos rodea, teniendo en cuenta o no el aire, y transformándolos en sendas definiciones del espacio.

Aristóteles, siempre el primero de la clase, quiere ser puntilloso: no dice que el vaso está vacío, sino que está lleno de aire. Y señala que en nuestra experiencia no existe ningún lugar donde «no haya nada, ni siquiera aire». Newton, que, más que a la precisión, aspira a la eficiencia en el esquema conceptual que construye para describir el movimiento de las cosas, piensa en los objetos, no en el aire. El aire, en conjunto, parece no tener efecto apenas en una piedra que cae: podemos imaginar que no existe.

Como en el caso del tiempo, el «espacio contenedor» de Newton puede parecernos natural, pero es una idea reciente, que se difundió debido a la gran influencia ejercida por el pensamiento newtoniano. Lo que hoy nos parece intuitivo es el resultado de la elaboración científica y filosófica del pasado.

La idea newtoniana de «espacio vacío» parece hallar su confirmación cuando Torricelli nos enseña que se puede extraer el aire de una botella. Pero pronto se descubre que dentro de la botella sigue habiendo de todos modos muchas entidades físicas: campos eléctricos y magnéticos, y un constante pulular de partículas cuánticas. La existencia del vacío completo, sin ninguna entidad física más que el espacio amorfo, «absoluto, real y matemático», sigue siendo una brillante idea teórica introducida por Newton para fundamentar su física, pero no una evidencia experimental. Hipótesis genial, quizá intuición profunda del más grande de los científicos; pero ¿se corresponde con la realidad de las cosas? ¿Existe de verdad el espacio newtoniano? Y si existe, ¿es realmente amorfo? ¿Puede existir un lugar donde no haya nada?

La pregunta es gemela de la cuestión análoga planteada con respecto al tiempo: ¿existe el tiempo «absoluto, real y matemático» de Newton, que transcurre cuando no acontece nada? Si existe, ¿es algo completamente distinto de las cosas del mundo? ¿Y, por tanto, independiente de ellas?

La respuesta a todas estas preguntas es una inesperada síntesis de los pensamientos aparentemente opuestos de los dos gigantes. Para elaborarla, hacía falta que interviniera en el baile un tercer gigante.*

## *La danza de tres gigantes*

La síntesis entre el tiempo de Aristóteles y el de Newton es la joya del pensamiento de Einstein.

La respuesta es que sí, que el tiempo y el espacio que Newton intuyó que existían en el mundo más allá de la materia tangible efectivamente *existen*. Son reales. Tiempo y espacio son cosas reales. Pero no son para nada absolutos, para nada independientes de cuanto ocurre y para nada distintos de las otras sustancias del mundo como imaginara Newton. Podemos pensar que se trata de la gran tela newtoniana sobre la que está dibujada la historia del mundo; pero esa tela está hecha de la misma sustancia de la que están hechas las demás cosas, de la misma sustancia de la que están hechos la piedra, la luz y el aire.

Los físicos llamaron «campos» a las sustancias que constituyen, al menos por cuanto sabemos hoy, la trama de la

* Se me ha criticado por haber contado la historia de la ciencia como si fuera solo el resultado del pensamiento de unas cuantas mentes geniales, y no del lento trabajo de generaciones. La crítica es justa, y me disculpo con las generaciones que han hecho y siguen haciendo el trabajo necesario. Mi única excusa es que no estoy haciendo un análisis histórico detallado, ni metodología de la ciencia; solo estoy sintetizando los pasos cruciales. Para llegar a la Capilla Sixtina hicieron falta los lentos progresos técnicos, culturales y artísticos de innumerables talleres de pintores y artesanos, pero al final quien la pintó fue Miguel Ángel.

realidad física del mundo. A veces tienen nombres exóticos: los campos «de Dirac» constituyen el tejido del que están hechas las mesas o las estrellas. El campo «electromagnético» es la trama de la que está hecha la luz, y a la vez el origen de las fuerzas que hacen rotar los motores eléctricos y girar la aguja de la brújula hacia el norte. Pero también está el campo «gravitatorio»: es el origen de la fuerza de gravedad, pero también la trama que teje el espacio y el tiempo de Newton, sobre el que está dibujado el resto del mundo. Los relojes son mecanismos que miden su extensión, y los metros son porciones de materia que miden otro aspecto de dicha extensión.

El espacio-tiempo es el campo gravitatorio (y viceversa). Es algo que existe por sí mismo, como intuía Newton, incluso sin materia; pero no es una entidad distinta del resto de las cosas del mundo –como creía aquel–, sino un campo como los demás. Más que un dibujo sobre una tela, el mundo es una superposición de telas, de estratos, de los que el campo gravitatorio es solo uno más. Y, como los demás, no es ni absoluto, ni uniforme, ni fijo, sino que se dobla, se estira, se expande y se contrae con los demás. Hay ecuaciones que describen la influencia recíproca de todos los campos, y el espacio-tiempo es uno de ellos.*

* El recorrido que llevó a Einstein a esta conclusión fue largo: no terminó con la formulación de las ecuaciones de campo en 1915, sino que prosiguió en un tortuoso esfuerzo por comprender su significado físico, que llevó a Einstein a cambiar repetidamente de idea. Concretamente, se sintió bastante confuso con respecto a la existencia de soluciones sin materia y sobre el carácter real o no de las ondas gravitatorias. Solo alcanzó la lucidez definitiva en sus últimos escritos, y en particular en el quinto apéndice, *Relativity and the Problem of Space*, añadido a la quinta edición de *Relativity: The Special and General Theory* (Methuen, Londres, 1954). Dicho apéndice puede leerse, en inglés, en http://www.relativitybook.com/resources/Einstein_space.html. Por razones de co-

El campo gravitatorio también puede ser liso y llano como una superficie recta, y así fue como lo describió Newton. Si lo medimos con un metro, nos encontramos con la geometría de Euclides, la que estudiamos en la escuela de niños. Pero el campo también puede ondular, y esas son las ondas gravitatorias. Puede concentrarse y enrarecerse.

¿Recuerda, del capítulo 1, los relojes que se ralentizan cuando están cerca de masas? Se ralentizan porque allí hay, en un sentido preciso, «menos» campo gravitatorio. Hay menos tiempo.

La tela formada por el campo gravitatorio es como una gran hoja elástica que se puede alargar y estirar. Su estiramiento y curvatura es el origen de la fuerza de gravedad, que hace caer las cosas, y la describe mejor que la vieja teoría de la gravitación de Newton.

Recuerde la figura que utilizábamos en el capítulo 1 para ilustrar el hecho de que transcurre más tiempo arriba que abajo, pero imagine que la hoja de papel donde aparece dibujada la figura es elástica; imagine que tira de ella de modo que el tiempo más largo de la montaña se haga efectivamente más largo. Obtendrá algo parecido a la imagen de la página siguiente, que representa el espacio (la altura, en vertical) y el tiempo (en horizontal): pero ahora el tiempo «más largo» de la montaña se corresponde en efecto con una longitud mayor.

Esta imagen ilustra lo que los físicos llaman espaciotiempo «curvo». Curvo porque está distorsionado: las distancias se expanden y se contraen como en la hoja elástica estirada. Por eso los conos de luz se inclinan en los dibujos del capítulo anterior.

---

pyright, el apéndice no se incluye en la mayoría de las ediciones del libro. Puede verse una exposición más profunda sobre el tema en mi libro *Quantum Gravity* (Cambridge University Press, Cambridge, 2004).

El tiempo se convierte, así, en parte de una complicada geometría tejida conjuntamente con la geometría del espacio. Esta es la síntesis que logró Einstein entre la concepción del tiempo de Aristóteles y la de Newton. En un inmenso golpe de genio, Einstein comprendió que *los dos* tenían razón. Newton estaba en lo cierto al intuir que existe algo más aparte de las sencillas cosas que vemos moverse y cambiar. El tiempo real y matemático de Newton existe, es una entidad real: es el campo gravitatorio, la hoja elástica, el espacio-tiempo curvo de la figura. Pero se equivoca al suponer que ese tiempo es independiente de las cosas y discurre de forma regular, imperturbable, ajeno a todo.

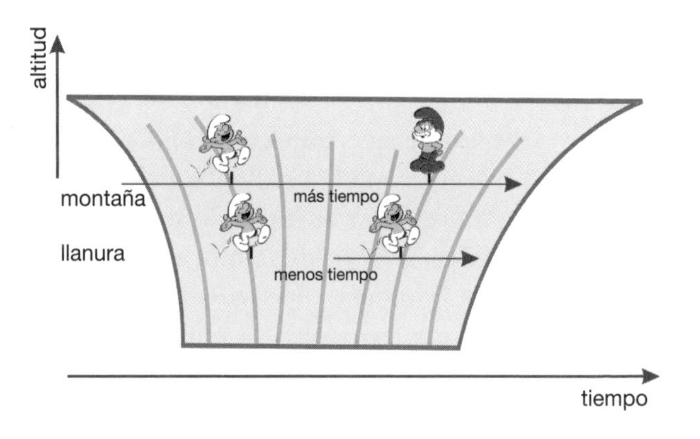


Aristóteles tiene razón al decir que «cuándo» y «dónde» constituyen siempre tan solo una ubicación con respecto a algo. Pero ese algo también puede ser únicamente el campo, el espacio-tiempo-entidad de Einstein. Porque este es una entidad dinámica y concreta, como todas aquellas con respecto a las cuales Aristóteles observaba acertadamente que podemos ubicarnos.

Todo esto resulta perfectamente coherente, y las ecuaciones einsteinianas que describen la distorsión del campo gravitatorio y sus efectos en los metros y los relojes han sido repetidamente verificadas a lo largo del último siglo. Pero nuestra idea del tiempo ha perdido ahora otra pieza: su independencia del resto del mundo.

La triple danza de estos gigantes del pensamiento –Aristóteles, Newton y Einstein– nos ha llevado a una comprensión más profunda del tiempo y del espacio: existe una estructura de la realidad que es el campo gravitatorio; no es independiente del resto de la física, no es el estrado sobre el que discurre el mundo: es un componente dinámico de la gran danza del mundo, similar a todas las demás; interactuando con las demás, determina el ritmo de esas cosas que llamamos metros y relojes, y el de todos los fenómenos físicos.

Pero el éxito es siempre breve. Einstein formula las ecuaciones del campo gravitatorio en 1915; y en 1916, cuando no había transcurrido ni siquiera un año, él mismo se da cuenta de que esa no puede ser la última palabra sobre la naturaleza del espacio y el tiempo: porque existe la mecánica cuántica. El campo gravitatorio, como todas las cosas físicas, debe tener propiedades cuánticas.

# 5. CUANTOS DE TIEMPO

> Hay en casa
> una tinaja de vino viejo,
> de más de nueve años.
> Crece, Filis, en el jardín
> apio para trenzar coronas
> y abundante hiedra...
> Te invito a celebrar
> este día de mediados de abril,
> para mí un día de fiesta,
> más querido casi que mi natalicio (IV, 11).

El extraño paisaje de la física relativista que he descrito hasta aquí adquiere un aspecto aún más ajeno cuando pasamos a considerar los cuantos: las propiedades cuánticas del espacio y el tiempo.

La disciplina que las estudia se llama «gravedad cuántica», y es precisamente mi campo de investigación.[53] Todavía no hay una teoría de la gravedad cuántica que recoja el consenso de toda la comunidad científica y se haya visto confirmada por experimentos. Mi vida científica ha estado muy dedicada a contribuir a la construcción de una posible solución al problema: la gravedad cuántica de bucles, o teoría de los bucles. No todos apuestan por esta solución. Los colegas que trabajan en la teoría de cuerdas, por ejemplo, siguen pistas distintas, y la disputa para establecer quién tiene razón está en pleno apogeo. Bueno, la ciencia también crece gracias a la existencia de debates encarnizados: antes o después llegaremos a aclarar quién está en lo cierto, y puede que no falte mucho para ello.

En lo referente a la naturaleza del tiempo, no obstante, las divergencias han disminuido en los últimos años, y muchas conclusiones han llegado a estar bastante claras para la mayoría. Lo que se ha aclarado sobre todo es que, si tomamos en consideración los cuantos, incluso lo que todavía quedaba en pie del andamiaje temporal de la relatividad general, ilustrada en el capítulo anterior, desaparece.

El tiempo universal se ha desintegrado en una miríada de tiempos propios, pero si tomamos en consideración los cuantos debemos aceptar la idea de que cada uno de esos tiempos, a su vez, «fluctúa», está disperso como en una nube y solo puede adquirir determinados valores y no otros... Dichos tiempos ya no pueden formar la hoja espacio-temporal dibujada en los capítulos anteriores.

Los descubrimientos básicos a los que ha conducido la mecánica cuántica son tres: la granularidad, la indeterminación y el aspecto relacional de las variables físicas. Cada uno de ellos derriba aún más lo poco que quedaba de nuestra idea del tiempo. Veámoslos de uno en uno.

### *Granularidad*

El tiempo que miden los relojes está «cuantizado», es decir, que solo adquiere determinados valores y no otros; es como si el tiempo fuera granular en lugar de continuo.

La granularidad es la consecuencia característica de la mecánica cuántica, de la que la teoría toma su propio nombre: los «cuantos» son los granos elementales. Existe una escala mínima para todos los fenómenos.[54] En el caso del campo gravitatorio, recibe el nombre de «escala de Planck». El tiempo mínimo se denomina «tiempo de Planck», y su valor se calcula fácilmente combinando las constantes que caracterizan a los fenómenos relativistas, gravitatorios y cuánticos.[55]

En conjunto, estas determinan un tiempo de $10^{-44}$ segundos: una cienmilésima de milmillonésima de milmillonésima de milmillonésima de milmillonésima de segundo. Ese es el tiempo de Planck: en esta reducidísima escala se manifiestan los efectos cuánticos sobre el tiempo.

El tiempo de Planck es pequeño, mucho más pequeño de lo que puede medir cualquier reloj actual. Tan pequeño que no tiene nada de asombroso que «allí abajo», a una escala tan diminuta, la noción de tiempo ya no valga. ¿Y por qué habría de valer? No hay nada que valga en todo momento y lugar. Antes o después nos encontramos siempre con algo completamente nuevo.

La «cuantización» del tiempo implica que casi todos los valores del tiempo *t no* existen. Si pudiéramos medir la duración de un intervalo con el reloj más preciso imaginable, deberíamos encontrarnos con que el tiempo medido solo adquiere determinados valores discretos específicos. No podemos concebir la duración como continua; hemos de imaginarla discontinua: no como algo capaz de fluir de manera uniforme, sino como algo que en cierto sentido salta, como un canguro, de un valor a otro.

En otras palabras, existe un intervalo *mínimo* de tiempo. Por debajo de este, la noción de tiempo no existe ni siquiera en su acepción más desnuda.

Puede que los ríos de tinta vertidos durante siglos –desde Aristóteles hasta Heidegger– para discutir la naturaleza de lo «continuo» hayan sido en vano. La continuidad es solo una técnica matemática para aproximarse a cosas de grano muy fino. El mundo es sutilmente discreto, es discontinuo. Dios no ha dibujado el mundo con líneas continuas: lo ha trazado a base de puntitos, con mano ligera, como hacía Seurat.

La granularidad es ubicua en la naturaleza: la luz está hecha de fotones, partículas de luz. La energía de los electrones en los átomos solo puede adquirir determinados valores y no otros. El aire más puro, como la materia más compacta, son granulares: están hechos de moléculas. Una vez comprendido que el espacio y el tiempo de Newton son entidades físicas como las demás, es natural esperar que también ellos sean granulares. La teoría confirma esta idea: la gravedad cuántica de bucles predice que los saltos temporales elementales son pequeños, pero finitos.

La idea de que el tiempo puede ser granular, de que existen intervalos mínimos de tiempo, no es nueva. La defendió ya en el siglo VII de nuestra era Isidoro de Sevilla en sus *Etimologías,* y en el siglo siguiente Beda el Venerable en una obra que lleva el significativo título de *De divisionibus temporum,* «Las divisiones de los tiempos». En el siglo XII, el gran filósofo Maimónides escribe: «El tiempo está compuesto de átomos, es decir, de muchas partes que ya no pueden ser ulteriormente subdivididas a causa de su corta duración.»[56] Probablemente la idea es todavía más antigua: el hecho de que los escritos originales de Demócrito no se hayan conservado nos impide saber si estaba ya presente en el atomismo griego clásico.[57] El pensamiento abstracto puede anticipar en varios siglos hipótesis que posteriormente encuentran utilidad –o confirmación– en la investigación científica.

La hermana espacial del *tiempo de Planck* es la *longitud de Planck:* el límite mínimo por debajo del cual la noción de longitud pierde sentido. La longitud de Planck es de unos $10^{-33}$ centímetros: una millonésima de milmillonésima de milmillonésima de milmillonésima de milímetro. De joven, en la universidad, me enamoré del problema de dilucidar qué ocurre a estas reducidísimas escalas; entonces cogí una gran hoja de papel, y en el centro, en rojo, pinté un llamativo

Luego lo colgué en mi dormitorio, en Bolonia, y decidí que mi objetivo sería tratar de entender qué sucede allí abajo, a las reducidísimas escalas donde espacio y tiempo dejan de ser lo que son. Al nivel de los cuantos elementales de espacio y tiempo. Luego he dedicado el resto de mi vida a intentarlo.

*Superposiciones cuánticas de tiempos*

El segundo descubrimiento de la mecánica cuántica es la indeterminación: no es posible prever de manera exacta, por ejemplo, dónde aparecerá mañana un electrón. Entre una aparición y otra, el electrón no tiene una posición precisa,[58] está como disperso en una nube de probabilidad. Se dice, en la jerga de los físicos, que está en una «superposición» de posiciones.

El espacio-tiempo es un objeto físico igual que un electrón. También él fluctúa. También él puede hallarse en una «superposición» de configuraciones diversas. Así, por ejemplo, si tenemos en cuenta la mecánica cuántica, debemos imaginar el anterior dibujo del tiempo que se dilata como una superposición desenfocada de espacio-tiempos distintos, más o menos como en esta imagen:

De manera similar fluctúa la estructura de conos de luz que en cada punto distingue pasado, presente y futuro; como aquí:

También la distinción entre presente, pasado y futuro se vuelve, pues, fluctuante, indeterminada. Al igual que una partícula puede estar difusa en el espacio, del mismo modo puede fluctuar la diferencia entre pasado y futuro: un acontecimiento puede darse a la vez antes y después que otro.

«Fluctuación» no significa que lo que acontece *nunca* sea determinado; significa que lo es solo en algunos momentos y de manera impredecible. La indeterminación se resuelve cuando una magnitud interactúa con cualquier otra cosa.* En esa interacción, un electrón se materializa en un punto exacto. Por ejemplo, golpea una pantalla, es capturado por un detector de partículas, o choca con un fotón; adopta una posición concreta.

Pero esta concretización del electrón presenta un aspecto extraño: el electrón solo es concreto *con respecto* a los objetos físicos con los que está interactuando. En lo referente a todos los demás, la interacción no hace sino difundir el contagio de la indeterminación. La concreción solo es relativa a un sistema físico; este es, a mi entender, el descubrimiento radical de la mecánica cuántica.**

Cuando un electrón golpea un objeto, por ejemplo, la pantalla de un viejo televisor de rayos catódicos, la nube de probabilidad con la que lo concebíamos se «colapsa» y el electrón se concreta en un punto de la pantalla, produciendo el puntito luminoso que contribuye a dibujar la imagen televisiva. Pero esto sucede únicamente con respecto a la pantalla. En relación con cualquier otro objeto, el electrón se limita simplemente a comunicar su indeterminación a la pantalla, de modo que ahora electrón y pantalla están juntos en una

* El término técnico que designa esta interacción es «medición»; un término que resulta engañoso, puesto que parece implicar que para crear la realidad tiene que haber un físico experimental con una bata blanca.

** Hago uso aquí de la interpretación relacional de la mecánica cuántica, que es la que me parece más plausible. Las observaciones que siguen, en particular la pérdida del espacio-tiempo clásico que satisface las ecuaciones de Einstein, son igualmente válidas en todas las demás interpretaciones que yo conozco.

superposición de configuraciones, y solo en el momento de interactuar con un tercer objeto su nube de probabilidad común se «colapsa» y se concreta en una determinada configuración; y así sucesivamente.

Es difícil aceptar la idea de que un electrón se comporte de forma tan extravagante. Y la idea de que el espacio y el tiempo se comporten igual resulta aún más difícil de digerir. Sin embargo, este es, con toda evidencia, el mundo cuántico: el mundo en el que vivimos.

El sustrato físico que determina la duración y los intervalos temporales –el campo gravitatorio– no solo posee una dinámica influida por las masas; también es una entidad cuántica que no tiene valores determinados más que cuando interactúa con algo. Cuando lo hace, las duraciones son granulares y determinadas solo con respecto a ese algo, mientras que siguen siendo indeterminadas para el resto del universo.

El tiempo se ha disuelto en una red de relaciones que ya ni siquiera teje una tela coherente. Las imágenes de espaciotiempos (en plural) fluctuantes, superpuestos unos a otros, que se concretan a ratos con respecto a objetos particulares, constituyen una visión difusa; pero es la mejor de la que disponemos sobre el grano fino del mundo. Estamos asomándonos al mundo de la gravedad cuántica.

Recapitulo aquí la larga inmersión en las profundidades que ha sido esta primera parte del libro. El tiempo no es único: hay una duración distinta para cada trayectoria; transcurre a ritmos diferentes según el lugar y según la velocidad. No tiene orientación: la diferencia entre pasado y futuro no existe en las ecuaciones elementales del mundo, es un aspecto contingente que aparece cuando observamos las cosas descuidando los detalles; desde este desenfoque, el pasado del universo se hallaba en un estado curiosamente «peculiar». La noción de «presente» no funciona: en el vasto universo no hay nada que podamos denominar razonablemente «presente». El sustrato que determina las duraciones del tiempo no es una entidad independiente, diferente de las demás que constituyen el mundo; es un aspecto de un campo dinámico. Este salta, fluctúa, se concreta solo al interactuar, y no está definido por debajo de una escala mínima... ¿Qué queda del tiempo?

> Mejor que eches al mar el reloj que llevas en la muñeca e intentes entender que el tiempo que quieres capturar no es otro que el movimiento de sus manecillas...[59]

Entramos en el mundo sin tiempo.

Segunda parte

# El mundo sin tiempo

# 6. EL MUNDO ESTÁ HECHO DE EVENTOS, NO DE COSAS

> Caballeros, el tiempo de la vida es muy breve...
> Si vivimos,
> vivimos para pisotear a los reyes.
>
> SHAKESPEARE, *Enrique IV*,
> acto V, escena II

Cuando Robespierre liberó a Francia de la monarquía, la Europa del Antiguo Régimen temió que fuera el fin de la civilización. Cuando los jóvenes quieren librarse de un viejo orden de cosas, los mayores temen que todo naufrague. Pero Europa ha seguido viviendo estupendamente sin el rey de Francia. Y el mundo también puede seguir viviendo estupendamente sin el rey Tiempo.

Hay, sin embargo, un aspecto del tiempo que ha sobrevivido a su repentina disgregación con la física de los siglos XIX y XX. Despojado de los oropeles con los que lo cubriera la teoría newtoniana, y a los que tan acostumbrados estábamos, dicho aspecto resplandece ahora con mayor claridad aún: el mundo es cambio.

Ninguno de los estratos que ha perdido el tiempo (unicidad, dirección, independencia, presente, continuidad...) pone en cuestión el hecho de que el mundo es una red de *acontecimientos*. Una cosa es el tiempo con sus numerosas determinaciones, y otra el simple hecho de que las cosas no «son»: acontecen.

La ausencia de la magnitud «tiempo» en las ecuaciones fundamentales no implica un mundo congelado e inmóvil. Antes al contrario, implica un mundo donde el cambio es ubicuo sin que lo ordene el Padre Tiempo: sin que los innumerables acontecimientos se dispongan necesariamente en buen orden, ni a lo largo de la sola línea del tiempo newtoniano, ni según las elegantes geometrías einsteinianas. Los eventos del mundo no se ponen en fila como los ingleses; se amontonan caóticos como los italianos.

Pero son acaecimientos, cambio, acontecer. Ese acontecer es difuso, disperso, desordenado, pero es acontecer al fin, no estasis. Los relojes que van a velocidades distintas no definen un tiempo único, pero las posiciones de sus manecillas cambian una con respecto a la otra. Las ecuaciones fundamentales no incluyen una variable tiempo, pero incluyen variables que cambian unas con respecto a otras. El tiempo, sugería Aristóteles, es la medida del cambio; pueden elegirse distintas variables para medir el cambio, y ninguna de ellas tiene *todas* las características del tiempo de nuestra experiencia; pero eso no quita el hecho de que el mundo sea un incesante cambiar.

Toda la evolución de la ciencia indica que la mejor gramática para concebir el mundo es la del cambio, no la de la permanencia. Del acontecer, no del ser.

Se puede concebir el mundo como constituido de *cosas*. De *sustancia*. De *entes*. De algo que *es*. Que permanece. O bien pensar que el mundo está constituido de *eventos*. De *acontecimientos*. De *procesos*. De algo que *sucede*. Que no dura, que es un continuo transformarse. Que no permanece en el tiempo. La destrucción de la noción de tiempo en la física fundamental representa el desplome de la primera de estas dos perspectivas, no de la segunda. Es la realización de la ubicuidad de la impermanencia, no del estatismo en un tiempo inmóvil.

Concebir el mundo como un conjunto de eventos, de procesos, es el modo que mejor nos permite captarlo, comprenderlo, describirlo. Es el único modo compatible con la relatividad. El mundo no es un conjunto de cosas, es un conjunto de eventos.

La diferencia entre cosas y eventos es que las *cosas* permanecen en el tiempo. Los *eventos,* en cambio, tienen una duración limitada. Un prototipo de «cosa» es una piedra: podemos preguntarnos dónde estará mañana. Mientras que un beso es un «evento»: no tiene sentido preguntarse adónde habrá ido el beso mañana. El mundo está hecho de redes de besos, no de piedras.

Las unidades simples en cuyos términos podemos comprender el mundo no están en un determinado punto del espacio. Son –si existen– en un *dónde,* pero también en un *cuándo*. Son espacial pero también temporalmente limitadas: son eventos.

Bien mirado, de hecho, hasta las «cosas» que más parecen «cosas» en el fondo no son más que eventos prolongados. La piedra más sólida, a la luz de lo que hemos aprendido de la química, la física, la mineralogía, la geología o la psicología, es en realidad un complejo vibrar de campos cuánticos, un interactuar momentáneo de fuerzas, un proceso que por un breve instante logra mantenerse en equilibrio semejante a sí mismo, antes de disgregarse de nuevo en polvo; un capítulo efímero en la historia de las interacciones entre los elementos del planeta, una huella de una humanidad neolítica, un arma de *Los muchachos de la calle Pál,* un ejemplo en un libro sobre el tiempo, una metáfora para una ontología, una porción de una sección del mundo que depende de las estructuras perceptivas de nuestro cuerpo más que del objeto de la percepción, y, ya puestos, un intrincado nodo de ese juego cósmico de espejos que es la realidad. El mundo no está hecho de piedras más de lo que pueda estarlo de sonidos fugaces y de olas que discurren sobre el mar.

Si el mundo estuviera hecho de cosas, por otra parte, ¿cuáles serían esas cosas? ¿Los átomos, que ya hemos descubierto que a su vez están compuestos de partículas más pequeñas? ¿Las partículas elementales, que ya hemos descubierto que no son otra cosa que excitaciones efímeras de un campo? ¿Los campos cuánticos, que ya hemos descubierto que son poco más que códigos de un lenguaje para hablar de interacciones y eventos? No podemos, pues, concebir el mundo *físico* como hecho de cosas, de entes; no funciona.

Sí funciona, en cambio, concebir el mundo como una red de eventos: unos más simples, y otros más complejos, que a su vez se pueden descomponer en combinaciones de eventos más simples. Vayan algunos ejemplos. Una guerra no es una cosa: es un conjunto de eventos; una tormenta no es una cosa: es un conjunto de eventos. Una nube sobre una montaña no es una cosa: es la condensación de la humedad del aire a medida que el viento remonta la montaña. Una ola no es una cosa: es un movimiento de agua; el agua que la dibuja es siempre distinta. Una familia no es una cosa: es un conjunto de relaciones, acontecimientos, sentimientos. ¿Y un ser humano? Por supuesto que no es una cosa: es un proceso complejo, en el que, como en la nube sobre la montaña, entra y sale aire, pero también comida, información, luz, palabras, etc. Un nodo de nodos en una red de relaciones sociales, en una red de procesos químicos, en una red de emociones que se intercambian con el prójimo.

Durante mucho tiempo hemos tratado de comprender el mundo en términos de alguna *sustancia* primaria. La física ha perseguido esa sustancia primaria quizá más que ninguna otra disciplina. Pero, cuanto más lo estudiamos, menos comprensible parece el mundo en términos de algo que *es;* en cambio, parece resultar mucho más comprensible en términos de relaciones entre acontecimientos.

Las palabras de Anaximandro citadas en el primer capítulo nos invitaban a concebir el mundo «según el orden del tiempo». Si no damos por supuesto que sabemos *a priori cuál* es el orden del tiempo, es decir, si no presuponemos el orden lineal y universal que nos resulta familiar, la exhortación de Anaximandro sigue siendo válida: entendemos el mundo estudiando el cambio, no estudiando las cosas.

Quien ha olvidado este buen consejo ha sufrido las consecuencias. Dos grandes que cayeron en ese error fueron Platón y Kepler, curiosamente seducidos ambos por la misma matemática.

En el *Timeo,* Platón tiene la gran idea de intentar traducir en lenguaje matemático las intuiciones físicas de los atomistas como Demócrito. Pero lo hace de manera errónea: intenta formular la matemática de la *forma* de los átomos, en lugar de la de su *movimiento.* Se deja fascinar por un teorema matemático que establece que hay cinco, y *solo* cinco, poliedros regulares; helos aquí:

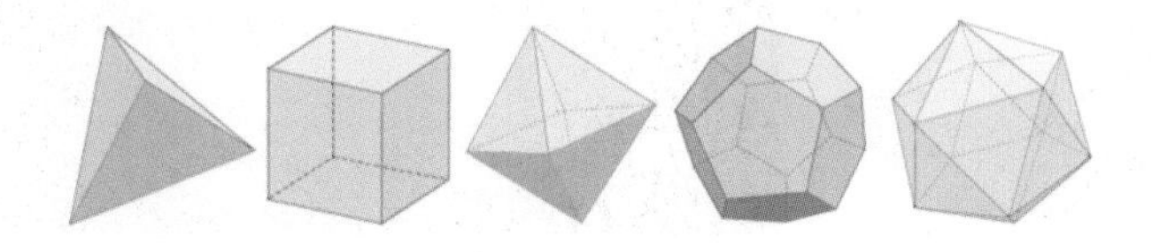

e intenta plantear la audaz hipótesis de que esas son precisamente las formas de los átomos de las que en la antigüedad se consideraban las cinco sustancias elementales, o elementos: la tierra, el agua, el aire, el fuego, y la quintaesencia de la que estaban hechos los cielos. Bonita idea, pero completamente equivocada. El error está en intentar comprender el mundo en términos de cosas en lugar de eventos: es decir, en ignorar el cambio. La física y la astronomía que funcionarán, de Ptolomeo a Galileo, de Newton a Schrödinger, se basarán en la descripción matemática de cómo *cambian* las cosas, no de cómo *son;* de los acontecimientos, no de las cosas. Las *for-*

*mas* de los átomos se descubrirán finalmente solo como soluciones de la ecuación de Schrödinger, que describe cómo *se mueven* los electrones en el interior de los átomos: una vez más, acontecimientos, no cosas.

Siglos después, antes de llegar a los grandes resultados de su madurez, el joven Kepler cae en el mismo error. Se pregunta qué determina la dimensión de las órbitas de los planetas y se deja hechizar por el mismo teorema que había hechizado a Platón (de hecho, se trata de un teorema hermosísimo). Kepler plantea la hipótesis de que lo que determina las órbitas de los planetas son los poliedros regulares: si los encajamos uno dentro de otro intercalando esferas entre ellos, los radios de dichas esferas –postula Kepler– estarán en la misma proporción que los radios de las órbitas de los planetas.

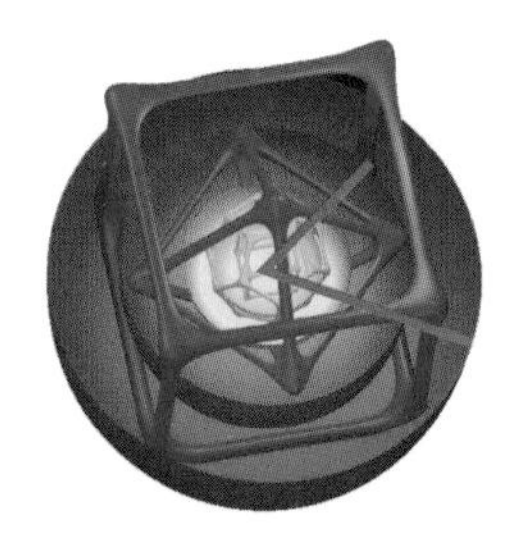

Una bonita idea, pero absolutamente descabellada. Una vez más, lo que falta es la dinámica. Cuando, más tarde, Kepler pase a ocuparse de cómo *se mueven* los planetas, se le abrirán las puertas del cielo.

Nosotros, pues, describimos el mundo como acontece, no como es. La mecánica de Newton, las ecuaciones de Maxwell, la mecánica cuántica, etc., nos dicen cómo acontecen determinados *eventos,* no cómo son ciertas *cosas*. Entendemos la biología estudiando cómo *evolucionan y viven* los seres vivos. Entendemos la psicología (un poco, tampoco mucho) estudiando cómo interactuamos entre nosotros, cómo pensamos... Entendemos el mundo en su devenir, no en su ser.

Las propias «cosas» son solo acontecimientos que se mantienen uniformes durante un rato.[60] Antes de retornar al polvo. Porque obviamente, antes o después, todo retorna al polvo.

La ausencia del tiempo no significa, pues, que todo esté congelado e inmóvil; significa que el incesante acontecer en el que se afana el mundo no está ordenado por una línea temporal, no está medido por un gigantesco tictac. Ni siquiera configura una geometría tetradimensional. Es una inmensa y desordenada red de eventos cuánticos. El mundo se parece más a Nápoles que a Singapur.

Si por «tiempo» entendemos únicamente el acontecer, entonces todo es tiempo: solo existe lo que es en el tiempo.

# 7. LA INSUFICIENCIA DE LA GRAMÁTICA

Se ha ido el blanco
de las nieves.
Retorna el verde
en la hierba de los campos,
en las copas de los árboles;
y la gracia leve de la primavera
todavía nos acompaña.
Así el transcurso del tiempo,
la hora que pasa y nos arrebata
la luz,
son el mensaje
de nuestra imposible inmortalidad.
Los templados vientos mitigan el hielo (IV, 7).

Normalmente llamamos «reales» a las cosas que existen *ahora*. En el presente. No a lo que ha existido tiempo atrás o existirá en el futuro. Decimos, respectivamente, que las cosas del pasado o del futuro «fueron» o «serán» reales, pero no que «son» reales.

Los filósofos denominan «presentismo» a la idea de que solo el presente es real, que el pasado y el futuro no lo son, y que la realidad *evoluciona* de un presente a otro posterior.

Esta forma de pensar deja de funcionar si el «presente» no se define globalmente, si es algo que solo puede definirse cerca de nosotros, solo de manera aproximada. Si lejos de aquí no puede definirse el presente, ¿qué es «real» en el universo? ¿Qué existe ahora en el universo?

Imágenes como estas, que ya hemos visto en capítulos anteriores,

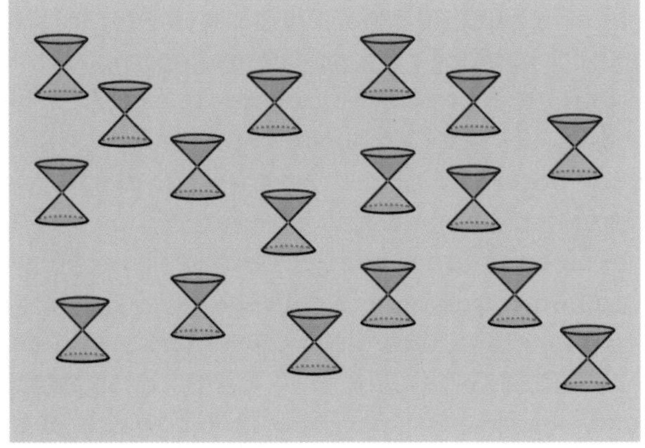

dibujan *toda una evolución* del espacio-tiempo con una única imagen: no representan un solo tiempo, sino todos los tiempos juntos. Son como una secuencia de fotografías de un hombre que corre, o un libro entero que contiene un relato que se desarrolla a lo largo de años. Son una representación esquemática de una posible *historia* del mundo, no de un único estado instantáneo de este.

El primer dibujo ilustra cómo concebíamos la estructura temporal del mundo *antes* de Einstein. El conjunto de los eventos reales *ahora,* en un tiempo determinado, es el que aparece resaltado en rojo:

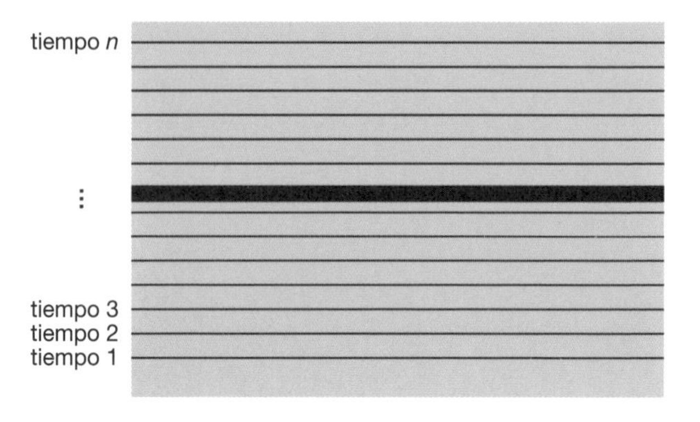


Pero el segundo dibujo representa mejor la estructura temporal del mundo, y ahí no hay nada parecido a un presente. No existe el presente. Entonces, ¿qué es real *ahora?*

La física del siglo XX nos muestra, de una manera que me parece inequívoca, que el *presentismo* no describe adecuadamente nuestro mundo real: no existe un presente global objetivo. Como mucho, podemos hablar de un presente relativo a un observador en movimiento; pero entonces lo que es real para mí es distinto de lo que es real para ti en tanto queramos utilizar el término *real* –dentro de lo posible– de un modo objetivo. Así pues, no cabe concebir el mundo como una sucesión de presentes.[61]

¿Qué alternativas tenemos?

Los filósofos denominan «eternalismo» a la noción de que el fluir y el cambio son ilusorios: presente, pasado y futuro son igualmente reales e igualmente existentes. Es la idea de que el conjunto del espacio-tiempo, esquematizado aquí en los dibujos anteriores, existe todo él en su integridad sin que nada cambie. No hay nada que realmente fluya.[62]

Quienes defienden este modo de concebir la realidad, el eternalismo, suelen citar a Einstein, que en una famosa carta escribió:

> Para aquellos de nosotros que creemos en la física, la distinción entre pasado, presente y futuro es solo una obstinada y persistente ilusión.[63]

Esta concepción recibe también el nombre de «universo de bloque» (o, en inglés, *block universe):* la idea de que hay que concebir toda la historia del universo como un bloque único, todo igualmente real, y que el paso de un momento del tiempo al siguiente es solo algo ilusorio.

¿Es este –el eternalismo, el universo de bloque– el único modo que nos queda de pensar el mundo? ¿Debemos concebir este, con su pasado, presente y futuro, como un único presente, todo él existente de la misma forma? ¿Nada cambia y todo permanece inmóvil? ¿El cambio no es más que ilusión?

No. No lo creo en absoluto.

El hecho de que no podamos ordenar el universo como una única sucesión ordenada de tiempos no significa que nada cambie; significa simplemente que los cambios no se ordenan a lo largo de una única sucesión ordenada: la estructura temporal del mundo es más compleja que una simple sucesión lineal de instantes. Pero ello no implica que no exista o que sea ilusoria.[64]

La distinción entre pasado, presente y futuro no es una ilusión. Es la estructura temporal del mundo. Pero la estructura temporal del mundo no es la del presentismo. Las relaciones temporales entre eventos son más complejas de lo que creíamos antes, pero no por eso dejan de existir. Las relaciones de filiación no establecen un orden global, pero no por ello son ilusorias. El hecho de que no estemos todos formando en fila india no implica que no exista ninguna relación entre nosotros. El cambio, el acontecer, no es una ilusión. Lo que hemos descubierto es simplemente que no ocurre siguiendo un orden global.[65]

Volvamos entonces a la pregunta inicial: ¿qué «es real»? ¿Qué «existe»?

La respuesta es que esta es una pregunta mal planteada, puesto que significa a la vez todo y nada, dado que el adjetivo «real» es ambiguo, tiene mil significados; y el verbo «existir» todavía tiene más. A la pregunta: «¿Existe una marioneta a la que le crece la nariz cuando dice mentiras?», se puede responder: «¡Pues claro que existe! ¡Es Pinocho!»; o bien: «No, no existe, es solo una fantasía inventada por Collodi.» Las dos respuestas son correctas, puesto que utilizan el verbo «existir» con diferentes significados.

Hay muchos modos distintos en que decimos que una cosa existe: una ley, una piedra, una nación, una guerra, un personaje de una comedia, un dios de una religión a la que no nos adherimos, un dios de una religión a la que nos adherimos, un gran amor, un número...; cada uno de estos entes «existe» y «es real» en un sentido diverso de los demás. Podemos preguntarnos en qué sentido algo existe o no (Pinocho existe como personaje literario, no en el registro civil), o si una cosa existe en un determinado sentido (¿existe una regla que prohíbe enrocar después de haber movido la torre?). Preguntarse en términos generales «qué existe» o «qué es real» significa únicamente preguntarse cómo queremos utilizar un verbo y un adjetivo.[66] Es una pregunta gramatical, no una pregunta sobre la naturaleza.

La naturaleza, por su parte, es la que es, y nosotros la vamos descubriendo paso a paso. Si nuestra gramática y nuestra intuición no se adaptan a lo que descubrimos, no pasa nada: tratemos de adaptarlas.

La gramática de muchas lenguas modernas declina los verbos en «presente», «pasado» y «futuro». No es adecuada para hablar de la estructura temporal real del mundo, que es más compleja. La gramática se formó a partir de nuestra experiencia limitada, antes de que nos percatáramos de su imprecisión a la hora de captar la rica estructura del mundo.

Lo que nos confunde, cuando intentamos poner orden en el descubrimiento de que no existe un presente objetivo universal, es tan solo el hecho de que nuestra gramática está organizada en torno a una distinción absoluta «pasado-presente-futuro», que, por el contrario, solo resulta adecuada parcialmente, aquí en nuestra inmediata vecindad. La estructura de la realidad no es la que dicha gramática presupone. Decimos que un evento «es», o «ha sido», o «será». No tenemos una gramática adecuada para decir que un evento «ha sido» con respecto a mí pero «es» con respecto a ti.

No debemos dejarnos confundir por una gramática inadecuada. Hay un texto del mundo antiguo que, hablando de la forma esférica de la Tierra, dice:

> Para quienes están abajo, las cosas de arriba están abajo, mientras que las cosas de abajo están arriba... y ocurre así alrededor de toda la Tierra.[67]

En una primera lectura, la frase parece una sarta de disparates. ¿Qué significa que «las cosas de arriba están abajo, mientras que las cosas de abajo están arriba»? No tiene sentido. Es como el siniestro «lo feo es hermoso y lo hermoso es feo» de *Macbeth*. Pero si la releemos pensando en la forma física de la Tierra, la frase se vuelve transparente: el autor está diciendo que, para quienes viven en las antípodas (en Australia), la dirección que señala «hacia arriba» es la misma que para nosotros, aquí en Europa, señala «hacia abajo». Esto es, que la dirección «arriba» cambia de un punto a otro de la Tierra. Quiere decir que lo que está arriba *con respecto a Sidney* está abajo *con respecto a nosotros*. El autor de este texto, escrito hace dos mil años, se estaba esforzando en adaptar su lenguaje y su intuición a un nuevo descubrimiento: el hecho de que la Tierra es una bola, y de que el significado de «arriba» y «abajo» *cambia* entre aquí y allí; dichos términos no tienen, como era natural pensar antes, un significado único y universal.

Estamos en la misma situación. Nos esforzamos en adaptar nuestro lenguaje y nuestra intuición a un nuevo descubrimiento: el hecho de que «pasado» y «futuro» no tienen un significado universal, sino que dicho significado cambia entre aquí y allí. Nada más.

En el mundo hay cambio, existe una estructura temporal de relaciones entre eventos en absoluto ilusoria. No es un acontecer global ordenado; es un acontecer local y complejo, que no admite que se lo describa en los términos de un único orden global.

¿Y la frase mencionada de Einstein? ¿No parece decir que él pensaba lo contrario? Aunque así fuera, solo porque Einstein haya escrito una frase u otra no estamos obligados a tratarlo como un oráculo. Einstein cambió de idea en numerosas ocasiones sobre cuestiones fundamentales, y podemos encontrar muchas frases suyas equivocadas o que se contradicen mutuamente.[68] Pero en este caso probablemente las cosas son bastante más sencillas. O más profundas.

Einstein escribió esta frase tras la muerte de Michele Besso, su más querido amigo, compañero de pensamientos y discursos desde sus años de universidad en Zúrich. La carta en la que Einstein incluyó la frase no iba dirigida a los físicos ni a los filósofos; iba dirigida a la familia, y especialmente también a la hermana de Michele. La frase precedente dice:

> Ahora él [Michele] ha partido de este extraño mundo, poco antes que yo. Eso no significa nada...

No es, pues, una carta escrita para pontificar sobre la estructura del mundo, sino para consolar a una hermana afligida. Una carta dulce, que hace alusión a la comunión espiritual entre Michele y Albert. Una carta donde Einstein afronta también su propio dolor por la pérdida del amigo del alma; y donde manifiesta asimismo que también en su caso la muerte está próxima. Es una carta de emociones profundas, donde el carácter ilusorio y la grata irrelevancia a que se alude no son las del tiempo de los físicos: son las de la vida misma. Frágil, breve, llena de ilusiones. Es una frase que habla de cosas más hondas que la naturaleza física del tiempo.

Einstein morirá el 18 abril de 1955, un mes y tres días después que su amigo.

# 8. LA DINÁMICA COMO RELACIÓN

> Y antes o después volverá
> el cálculo exacto de nuestro tiempo
> y estaremos en la barca
> que navega hacia el puerto
> más amargo (II, 9).

¿Cómo funciona, entonces, una descripción fundamental del mundo en la que todo acontece pero no hay variable tiempo?, ¿en la que no existe un tiempo común y no hay una dirección privilegiada de cambio?

De la manera más sencilla: tal como concebíamos el mundo hasta que Newton nos convenció a todos de que resultaba indispensable una variable tiempo.

Para describir el mundo no se necesita la variable tiempo. Se necesitan simplemente variables capaces de describirlo: magnitudes que podamos observar, percibir, y en última instancia medir. La longitud de una calle, la altura de un árbol, la temperatura de una frente, el peso de un pan, el color del cielo, el número de estrellas en la bóveda celeste, la elasticidad de un bambú, la velocidad de un tren, la presión de una mano en un hombro, el dolor de una pérdida, la posición de una manecilla, la altura del Sol en el horizonte... Estos son los términos con los que describimos el mundo. Magnitudes y propiedades que vemos *cambiar* constantemente. En esos cambios hay regularidades: una piedra cae más deprisa que una ligera pluma. La Luna y el Sol giran en el cielo persiguiéndose y pasan una junto al otro una vez al mes... Entre estas magnitudes, hay algunas que vemos cambiar unas con respecto a otras de manera regular: la cuenta de los días, las fases de la Luna, la altura del Sol en el horizonte, la posición de las manecillas de un reloj... Y nos resulta cómodo utilizar *estas últimas* como referencia: nos vemos tres días después de la próxima Luna, cuando el Sol esté más alto en el cielo; nos vemos mañana cuando el reloj señale las 4.35. Si encontramos suficientes variables que se mantengan lo bastante sincronizadas entre sí, resulta cómodo utilizarlas para hablar del *cuándo*.

En todo esto no necesitamos elegir una variable privilegiada y llamarla «tiempo». Necesitamos, si queremos hacer ciencia, una teoría que nos diga cómo cambian las variables unas con respecto a otras; es decir, cómo cambia cada una de ellas cuando cambian las demás. La teoría fundamental del mundo debe elaborarse de este modo. No necesita una variable tiempo: solo tiene que decirnos cómo las cosas cuya variación observamos en el mundo varían unas con respecto a otras. Es decir, cuáles son las relaciones que pueden existir entre dichas variables.[69]

Las ecuaciones fundamentales de la gravedad cuántica están elaboradas, de hecho, de este modo: no tienen una variable tiempo, y describen el mundo señalando las posibles relaciones entre las magnitudes variables.[70]

La primera vez que se formuló una ecuación relacionada con la gravedad cuántica sin incluir ninguna variable tiempo fue en 1967. La ecuación fue un hallazgo de dos físicos estadounidenses, Bryce DeWitt y John Wheeler, y hoy se conoce como la ecuación de Wheeler-DeWitt.[71]

Al principio nadie entendía qué significaba realmente una ecuación sin la variable tiempo, quizá ni siquiera Bryce y John (decía Wheeler: «¿Explicar el tiempo? ¡No sin explicar la existencia! ¿Explicar la existencia? ¡No sin explicar el tiempo! ¿Desvelar la profunda conexión oculta entre tiempo y existencia? [...] Una tarea para el futuro»).[72] Se ha hablado del tema largo y tendido, se han celebrado congresos, debates, se han vertido ríos de tinta.[73] Pero creo que las aguas se han calmado, y ahora las cosas están mucho más claras. No hay nada misterioso en la ausencia del tiempo en la ecuación fundamental de la gravedad cuántica: solo es consecuencia del hecho de que a nivel fundamental no existe ninguna variable especial.

La teoría no describe cómo evolucionan las cosas *en el tiempo*, sino cómo cambian las cosas *unas con respecto a otras*,[74] cómo acontecen los hechos del mundo unos con respecto a otros. Eso es todo.

Bryce y John nos dejaron hace unos años. Yo los conocí a ambos, y ambos me inspiraron un profundo respeto y admiración. En mi despacho de la universidad, en Marsella, tengo colgada en la pared una carta que me escribió John Wheeler cuando supo de mis primeros trabajos en el campo de la gravedad cuántica. La releo de vez en cuando, con una mezcla de orgullo y nostalgia. En nuestros escasos encuentros me habría gustado poderle preguntar más cosas. La última vez que fui a verlo, a Princeton, estuvimos dando un largo paseo. Él me hablaba con la voz tenue de un anciano, de modo que muchas de las cosas que me decía se me escapaban, pero no me atreví a pedirle demasiadas veces que me las repitiera. Ahora ya no está. Ya no puedo hacerle preguntas, ya no puedo contarle lo que pienso. Ya no puedo decirle que me parece que sus ideas eran acertadas, y que han guiado toda mi vida como investigador. Ya no puedo decirle que creo que él fue el primero que se acercó al corazón del misterio del tiempo en la gravedad cuántica. Porque él, aquí y ahora, ya no está. Tal es el tiempo para nosotros. El recuerdo y la nostalgia. El dolor de la ausencia.

Pero no es la ausencia la que provoca dolor. Son el afecto y el amor. Si no hubiera afecto, si no hubiera amor, no existiría el dolor de la ausencia. Por eso también el dolor de la ausencia, en el fondo, es bueno y hermoso, porque se alimenta de lo que da sentido a la vida.

A Bryce lo conocí en Londres la primera vez que fui a reunirme con un grupo de investigadores de la gravedad cuántica. Yo era un jovencito fascinado por esta materia arcana de la que en Italia no se ocupaba nadie; él era un gran gurú del tema. Acudí al Imperial College para reunirme con Chris Isham, y cuando llegué me dijeron que estaba en la terraza, en el último piso: al subir encontré sentados ante una mesita a Chris Isham, Karel Kuchar y Bryce DeWitt, es decir, los tres principales autores cuyas ideas había estudiado durante los últimos años. Recuerdo la intensa impresión que me causó verlos allí, debatiendo serenamente entre ellos, a través del cristal. No me atrevía a acercarme a interrumpirlos: me parecían tres grandes maestros zen que estuvieran intercambiando verdades insondables a través de misteriosas sonrisas. Probablemente solo estaban decidiendo dónde ir a cenar. Al recordarlo ahora me doy cuenta de que entonces ellos eran más jóvenes de lo que yo soy ahora. También eso es el tiempo. Un extraño distorsionador de perspectivas. Poco antes de morir, Bryce concedió una larga entrevista en Italia, publicada después en un breve librito;[75] solo entonces supe que él seguía mis trabajos con mucha más atención y simpatía de lo que yo jamás hubiera imaginado a raíz de nuestras conversaciones, donde expresaba más críticas que estímulos.

John y Bryce fueron mis padres espirituales. Sediento como estaba, encontré en sus ideas agua fresca, nueva y cristalina con la que satisfacer mi sed. Gracias, John; gracias, Bryce. Nosotros los seres humanos vivimos de emociones y pensamientos. Nos los intercambiamos cuando estamos en el mismo lugar y en el mismo tiempo, hablándonos, mirándonos a los ojos, rozándonos la piel. Nos alimentamos de esa red de encuentros e intercambios, o, mejor dicho, *somos* esa red de encuentros e intercambios. Pero en realidad no necesitamos estar en el mismo lugar y en el mismo tiempo para que se produzcan esos intercambios. Los pensamientos y emociones que nos vinculan unos a otros no tienen dificultad en atravesar mares y decenios, a veces incluso siglos. Ligados a delgadas hojas de papel o danzantes entre los microchips de un ordenador. Formamos parte de una red que va mucho más allá de los escasos días de nuestra vida, de los pocos metros cuadrados por los que movemos nuestros pasos. También este libro es un hilo de esa trama...

Pero me he apartado del tema. La nostalgia de John y Bryce me ha desviado. Lo que quería decir en este capítulo es que ellos descubrieron la sencillísima forma de la estructura de la ecuación que describe la dinámica del mundo. Dicha dinámica viene dada por la ecuación que establece qué relaciones existen entre todas las variables que lo describen. Todas en un mismo plano. Describe los acontecimientos posibles, y las posibles correlaciones entre ellos. Nada más.

Es la forma elemental de la mecánica del mundo, y no necesita hablar de «tiempo». El mundo sin la variable tiempo no es un mundo complicado.

Es una red de eventos interconectados, donde las variables en juego respetan reglas probabilísticas, que, increíblemente, somos capaces de formular en gran medida. Es un mundo límpido, azotado por el viento y lleno de belleza como las cimas de las montañas, como la árida belleza de los labios agrietados de las adolescentes.

## *Eventos cuánticos elementales y redes de espín*

Las ecuaciones de la gravedad cuántica de bucles,[76] en las que yo trabajo, son una versión moderna de la teoría de Wheeler y DeWitt. En dichas ecuaciones no hay variable tiempo.

Las variables de la teoría describen los campos que forman la materia habitual, fotones, electrones, otros componentes de los átomos, y el campo gravitatorio, en el mismo plano que los demás. La teoría de bucles no es una «teoría unificada» del todo. Ni siquiera se concibe que pretenda ser la teoría definitiva de la ciencia. Es una teoría hecha de fragmentos coherentes pero diversos, que «solo» quiere ser una descripción *coherente* del mundo tal como lo hemos comprendido hasta aquí.

Los campos se manifiestan de forma granular: partículas elementales, fotones y cuantos de gravedad, o «cuantos de espacio». Estos granos elementales no viven inmersos en el espacio: forman el espacio en sí mismos; mejor dicho: la espacialidad del mundo es la red de sus interacciones. No viven en el tiempo: interactúan incesantemente unos con otros, o más bien existen solo en cuanto términos de incesantes interacciones; y esta interacción *es* el acontecer del mundo: *es* la forma mínima elemental del tiempo, que ni tiene orientación, ni se organiza en una línea, ni en una geometría curva y uniforme como la estudiada por Einstein. Es una interacción recíproca, donde los cuantos se actualizan en el propio acto de interactuar respecto a aquello con lo que interactúan.

La dinámica de estas interacciones es probabilística. Las probabilidades de que algo acontezca –dado el acontecer de alguna otra cosa– resultan calculables en principio con las ecuaciones de la teoría.

No podemos dibujar un mapa completo, una geometría completa, de los acontecimientos del mundo, puesto que estos últimos, y entre ellos el paso del tiempo, siempre se concretan únicamente en una interacción y con respecto a un sistema físico implicado en dicha interacción. El mundo es como un conjunto de puntos de vista en interrelación mutua; «el mundo visto desde fuera» es un absurdo, porque no existe un «fuera» del mundo.

Los *cuantos* elementales del campo gravitatorio viven en la escala de Planck. Son los granos elementales que tejen la red móvil con la que Einstein reinterpretó el espacio y el tiempo absolutos de Newton. Son ellos, y sus interacciones, los que determinan la extensión del espacio y la duración del tiempo.

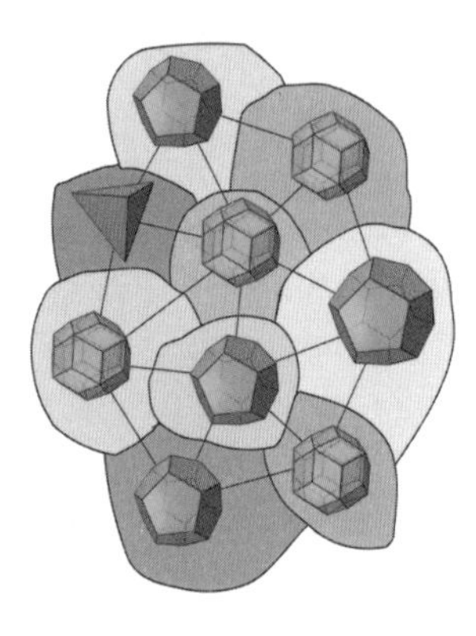

Representación intuitiva de la red de granos elementales de espacio (o red de espín).

Las relaciones de adyacencia espacial vinculan los granos de espacio en redes, que reciben el nombre de «redes de espín». El término *espín* (en inglés *spin)* viene de la matemática que describe los granos de espacio, que es la misma de las simetrías del espacio.[77] Un anillo individual en una red de espín se denomina *bucle* (en inglés *loop),* y son estos bucles los que dan nombre a la teoría. Las redes, a su vez, se transforman unas en otras en saltos discretos, que en la teoría se describen como estructuras denominadas «espuma de espín».[78]

El acontecer de estos saltos dibuja las tramas que a gran escala se nos aparecen como la estructura uniforme del espacio-tiempo. A pequeña escala, la teoría describe un «espacio-tiempo cuántico» fluctuante, probabilístico y discreto. A esta escala solo existe el frenético pulular de los cuantos que aparecen y desaparecen.

Representación intuitiva de la espuma de espín *(spin foam).*

Este es el mundo con el que cada día trato de «echar cuentas», en el más amplio sentido de la expresión. Es un mundo inusual, pero no carente de sentido.

En mi grupo de investigación en Marsella, por ejemplo, estamos intentando calcular el tiempo necesario para que un agujero negro explosione pasando por una fase cuántica.

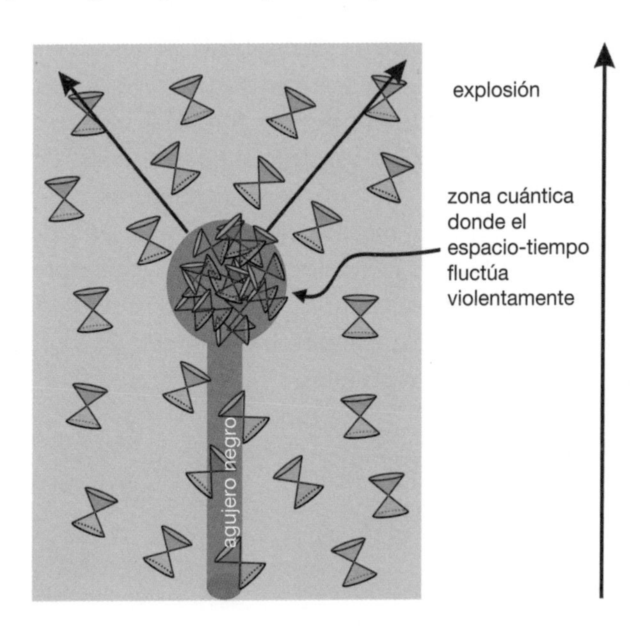

En el curso de esta fase, dentro del agujero negro y en su inmediata vecindad ya no hay un espacio-tiempo único y determinado: hay una superposición cuántica de redes de espín. Al igual que un electrón puede abrirse en una nube de probabilidad entre el momento en que se emite y el momento en que llega a una pantalla, pasando por más de un lugar, del mismo modo el espacio-tiempo de la desintegración cuántica de un agujero negro pasa por una fase en la que el tiempo fluctúa violentamente, se produce una superposición cuántica de tiempos diversos, y luego vuelve a ser determinado más tarde, después de la explosión.

Para esta fase intermedia, donde el tiempo es completamente indeterminado, todavía tenemos ecuaciones que nos dicen qué sucede. Ecuaciones sin tiempo.

Ese es el mundo descrito por la teoría de bucles.

¿Estoy seguro de que esta es la descripción correcta del mundo? No, no lo estoy, pero es el único modo coherente y completo que hoy conozco de concebir el espacio-tiempo sin descuidar sus propiedades cuánticas. La gravedad cuántica de bucles demuestra que es posible formular una teoría coherente sin un espacio y un tiempo fundamentales, y, pese a ello, utilizarla para hacer predicciones cualitativas.

En una teoría de este género, espacio y tiempo ya no son contenedores o formas generales del mundo. Son aproximaciones de una dinámica cuántica que de por sí no conoce ni espacio ni tiempo. Solo eventos y relaciones. Es el mundo sin tiempo de la física elemental.

Tercera parte

# Las fuentes del tiempo

# 9. EL TIEMPO ES IGNORANCIA

> No preguntes
> por el fin de mis días, ni de los tuyos,
> Leucónoe
> –es un secreto que nos supera–,
> y no intentes cálculos abstrusos (I, 11).

Hay un tiempo para nacer y un tiempo para morir, un tiempo para llorar y un tiempo para bailar, un tiempo para matar y un tiempo para sanar. Un tiempo para demoler y un tiempo para construir.[79] Hasta aquí, este ha sido un tiempo para demoler el tiempo. Ahora es el momento de reconstruir el tiempo de nuestra experiencia; de buscar sus fuentes; de entender de dónde viene.

Si en la dinámica elemental del mundo todas las variables son equivalentes, ¿qué es eso que los humanos llamamos «tiempo»? ¿Qué mide mi reloj? ¿Qué discurre siempre hacia delante y nunca hacia atrás, y por qué? De acuerdo, puede que no forme parte de la gramática elemental del mundo; pero ¿qué es?

Hay muchas cosas que no forman parte de la gramática elemental del mundo, y simplemente «surgen» de algún modo. Por ejemplo:

– Un gato no forma parte de los ingredientes elementales del universo. Es algo complejo, que *surge,* y se repite, en varias partes de nuestro planeta.

– Un grupo de chicos en un prado. Se decide jugar un partido; se forman los equipos. Nosotros lo hacíamos así: los dos muchachos más resueltos elegían por turnos a sus compañeros de equipo, jugándose a pares y nones el derecho a ser los primeros. Al final de aquel proceso solemne había dos equipos. ¿Dónde estaban antes del proceso? En ninguna parte: habían *surgido* de él.

– ¿De dónde vienen «arriba» y «abajo», que tan familiares nos resultan y, sin embargo, no figuran en las ecuaciones elementales del mundo? De la atracción de la Tierra en nuestra vecindad. «Arriba» y «abajo» son algo que *surge* en determinadas circunstancias del universo, como la presencia de una gran masa cercana.

– En alta montaña contemplamos un valle cubierto de un mar de nubes blancas. La superficie de las nubes reluce inmaculada. Nos encaminamos hacia el valle. El aire se hace más húmedo, luego brumoso; el cielo ya no es azul; nos encontramos en medio de una rala niebla. ¿Adónde ha ido la neta superficie de las nubes? Ha desaparecido. El cambio es gradual, no hay ninguna *superficie* que separe la niebla del límpido aire de las alturas. ¿Era una ilusión? No, era una visión lejana. A decir verdad, ocurre lo mismo en *todas* las superficies. Mi mesa de mármol macizo la vería como una niebla si me hiciera lo bastante pequeño como para alcanzar una escala atómica. Vistas de cerca, *todas* las cosas del mundo acaban por difuminarse. ¿Dónde termina exactamente la montaña y empieza la llanura? ¿Dónde termina el desierto y empieza la sabana? Cortamos el mundo a grandes tajadas. Lo concebimos en conceptos significativos para nosotros, que *surgen* a una determinada escala.

– Cada día vemos girar el cielo a nuestro alrededor, pero somos nosotros quienes giramos. ¿Acaso el espectáculo diario del universo que gira es «ilusorio»? No, es real, pero no atañe solo al cosmos: atañe a *nuestra* relación con el Sol y las estrellas. Lo entendemos al preguntarnos cómo nos movemos *no-*

*sotros*. El movimiento cósmico *surge* de la relación entre nosotros y el cosmos.

En estos ejemplos, algo real –un gato, un equipo de fútbol, arriba y abajo, la superficie de las nubes, la rotación del cosmos– *surge* de un mundo en el que en un nivel más simple no hay ni gatos, ni equipos de fútbol, ni arriba y abajo, ni superficie de las nubes, ni rotación del cosmos... El tiempo surge de un mundo sin tiempo, de modo similar a cada uno de estos ejemplos.

Iniciamos aquí la reconstrucción del tiempo con dos breves capítulos, este y el siguiente, de carácter técnico. Si al lector le resultan de difícil comprensión, le invitamos a saltar directamente al capítulo 11. A partir de ahí nos iremos acercando paso a paso a cosas más humanas.

### *Tiempo térmico*

En el frenesí de la mezcla térmica molecular, todas las variables susceptibles de variar lo hacen constantemente.

Hay, sin embargo, una que no varía: la energía total que hay en un sistema (aislado). Existe un estrecho vínculo entre energía y tiempo: ambos forman una de las características parejas de magnitudes que los físicos denominan «conjugadas», como posición e impulso, u orientación y momento angular; los dos términos de estas parejas están mutuamente ligados. Por una parte, saber cuál es la energía de un sistema[80] –cómo se vincula a las demás variables– es lo mismo que saber cómo fluye el tiempo, porque las ecuaciones de evolución en el tiempo se derivan de la forma de su energía.[81] Por otra, la energía se conserva en el tiempo, y, en consecuencia, no puede variar, aunque todo el resto varíe. En su agitación térmica, un sistema[82] pasa por todas las configuraciones que tienen la misma energía, pero solo por estas. El conjunto de tales configuraciones –que nuestra desenfocada visión macroscópica no diferencia– constituye el «estado (macroscópico) de equilibrio»: un plácido vaso de agua caliente.

La forma habitual de interpretar la relación entre tiempo y estado de equilibrio es pensar que el tiempo es algo absoluto y objetivo; que la energía es lo que gobierna la evolución en el tiempo, y que el sistema en equilibrio mezcla las configuraciones de igual energía. La lógica convencional para interpretar estas relaciones es, pues:

*tiempo → energía → estado macroscópico.*[83]

Pero hay otra forma de concebir esta misma relación: leerla en sentido inverso. Esto es, observar que un estado macroscópico –vale decir una redistribución de variables que preserve alguna de ellas, o una visión desenfocada del mundo– puede interpretarse como una mezcla que conserva una energía, la cual, a su vez, genera un tiempo. Es decir:

*estado macroscópico → energía → tiempo.*[84]

Esta observación abre una nueva perspectiva: en un sistema físico elemental en el que *no* hay ninguna variable privilegiada que se comporte como «tiempo», esto es, donde todas las variables están en un mismo plano, pero del que tenemos una visión desenfocada descrita por estados macroscópicos, un estado macroscópico genérico *determina* un tiempo.

Repito el argumento, porque es clave: un estado macroscópico (que ignora los detalles) elige una variable concreta, que posee algunas de las características del tiempo.

En otras palabras, un tiempo viene determinado simplemente por un desenfoque. Boltzmann comprendió que el comportamiento del calor es interpretable en términos de un desenfoque: por el hecho de que en un vaso de agua existe un mar de variables microscópicas que no vemos. El *número* de posibles configuraciones microscópicas del agua es la entropía. Pero también es verdad otra cosa: el propio desenfoque determina una variable concreta, el tiempo.

En la física relativista fundamental, donde ninguna variable desempeña *a priori* el papel del tiempo, podemos dar la vuelta a la relación entre estado macroscópico y evolución en el tiempo: no es la evolución en el tiempo la que determina el estado, sino el estado, el desenfoque, el que determina un tiempo.

El tiempo así determinado por un estado macroscópico se denomina «tiempo térmico». ¿En qué sentido es este un tiempo? Desde una perspectiva microscópica no tiene nada de especial, es una variable como cualquier otra. Pero desde un punto de vista macroscópico posee una característica crucial: entre numerosas variables, todas ellas situadas en un mismo plano, el tiempo térmico es la que se comporta de modo más parecido a la variable que normalmente llamamos «tiempo», puesto que su relación con los estados macroscópicos es exactamente la que conocemos por la termodinámica.

Pero no es un tiempo universal, sino que viene determinado por un estado macroscópico, es decir, por un desenfoque, por la imperfección de una descripción. En el próximo capítulo veremos el origen de este desenfoque, pero primero demos un paso más, tomando en consideración la mecánica cuántica.

### *Tiempo cuántico*

Roger Penrose,[85] uno de los científicos más lúcidos entre los que se han ocupado de la cuestión del espacio y el tiempo, llegó a la conclusión de que la física relativista no es incompatible con nuestra percepción del *fluir* del tiempo, pero no parece suficiente para explicarla; y sugirió que la pieza que falta podría ser lo que acontece en una interacción cuántica.[86] A su vez, el grandísimo matemático francés Alain Connes encontró una brillante forma de captar el papel de la interacción cuántica en la raíz del tiempo.

Cuando una interacción concretiza la *posición* de una molécula, el estado de dicha molécula se ve alterado. Lo mismo vale para su *velocidad*. Si se concreta *primero* la velocidad y *luego* la posición, el estado de la molécula cambia *de manera distinta* de como lo haría si los dos eventos se produjesen en orden inverso. El orden, pues, es importante. Si mido primero la posición de un electrón y luego su velocidad, cambio su estado de manera distinta de lo que lo haría si midiera primero la velocidad y luego la posición.

Se denomina a esta propiedad «no conmutatividad» de las variables cuánticas, puesto que posición y velocidad «no son conmutables», es decir, que no se puede intercambiar su lugar sin que haya consecuencias. Esta no conmutatividad, que es uno de los fenómenos característicos de la mecánica cuántica, determina un orden y, por ende, un germen de temporalidad en la determinación de dos variables físicas. Determinar una variable física no es una operación inocua: implica una interacción. El efecto de tales interacciones depende de su orden, y ese orden es una forma primitiva de orden temporal.

Quizá el propio hecho de que el efecto de las interacciones depende del orden de su sucesión constituye precisamente una de las raíces del orden temporal del mundo. Esta es la fascinante idea sugerida por Connes: el germen primero de la temporalidad en las transiciones cuánticas elementales reside en el hecho de que estas están naturalmente (y parcialmente) ordenadas.

Connes dio una refinada versión matemática de esta idea, mostrando que la no conmutatividad de las variables físicas define implícitamente una especie de flujo temporal. Debido a esta no conmutatividad, el conjunto de las variables físicas de un sistema define una estructura matemática llamada «álgebra de Von Neumann no conmutativa»; y Connes demostró que tales estructuras tienen en sí un flujo implícitamente definido.[87]

Un hecho sorprendente es que existe una estrechísima relación entre, por una parte, el flujo definido por Alain Connes para los sistemas cuánticos y, por otra, el tiempo térmico: el propio Connes mostró que en un sistema cuántico los flujos térmicos determinados por estados macroscópicos diversos son equivalentes salvo por ciertas simetrías internas,[88] y en conjunto configuran precisamente el flujo de Connes.[89] En palabras más sencillas: el tiempo determinado por los estados macroscópicos y el tiempo determinado por la no conmutatividad cuántica son aspectos del mismo fenómeno.

En mi opinión,[90] es este tiempo térmico –y cuántico– la variable a la que llamamos «tiempo» en nuestro universo real, donde no existe una variable tiempo a nivel fundamental.

La intrínseca indeterminación cuántica de las cosas produce un desenfoque, como el desenfoque de Boltzmann, que implica que –contrariamente a lo que parecía indicar la física clásica– la imprevisibilidad en el mundo seguiría persistiendo aun en el caso de que fuéramos capaces de medir todo lo mensurable.

Ambas fuentes de desenfoque –la que se deriva del hecho de que los sistemas físicos están compuestos de infinidad de moléculas, y la debida a la indeterminación cuántica– constituyen el corazón del tiempo. La temporalidad está profundamente ligada al desenfoque. Y el desenfoque es el hecho de que ignoramos los detalles microscópicos del mundo. El tiempo de la física, en última instancia, es la expresión de nuestra ignorancia del mundo. El tiempo es ignorancia.

Alain Connes escribió una breve novela de ciencia ficción en colaboración con dos amigos. Su protagonista, Charlotte, logra obtener por un momento toda la información relativa al mundo, sin desenfoques.

Charlotte llega a «ver» directamente el mundo más allá del tiempo: «Tuve la inaudita fortuna de experimentar una percepción global de mi ser, no en un momento concreto de su existencia, sino como un "todo". Pude comparar su finitud en el espacio, contra la que nadie se subleva, con su finitud en el tiempo, que, en cambio, nos escandaliza tanto.»

Luego volverá a entrar en el tiempo: «Tuve la impresión de perder toda la información infinita prodigada por la escena cuántica, y esa pérdida bastó para arrastrarme irremisiblemente al río del tiempo.» La emoción que nace de ello es una emoción del tiempo: «Ese surgimiento del tiempo me pareció una especie de intrusión, una fuente de confusión mental, de angustia, de temor, de disociación.»[91]

Nuestra imagen desenfocada e indeterminada de la realidad determina una variable, el tiempo térmico, que resulta tener algunas propiedades peculiares que empiezan a asemejarse a lo que llamamos «tiempo»: está en la relación correcta con los estados de equilibrio.

El tiempo térmico está ligado a la termodinámica y, por ende, al calor, pero todavía no se parece al tiempo de nuestra experiencia porque no diferencia entre pasado y futuro, carece de orientación, de lo que nosotros identificamos con el fluir. Todavía no estamos en el tiempo de nuestra experiencia.

Entonces, la distinción entre pasado y futuro, que tanto nos afecta, ¿de dónde viene?

# 10. PERSPECTIVA

> En la noche impenetrable
> de su sabiduría
> un dios cierra
> la sucesión de los días
> que vendrán
> y ríe
> de nuestra humana congoja (III, 29).

Toda la diferencia entre pasado y futuro se puede reducir al solo hecho de que en el pasado la entropía del mundo era baja.[92] ¿Y por qué la entropía era baja en el pasado?

En este capítulo planteo una idea para una posible respuesta, «si se quiere prestar atención a mi respuesta a esta pregunta y a su supuesto quizá extravagante».[93] No estoy seguro de que sea la respuesta acertada, pero es una idea de la que me he enamorado.[94] Y podría aclarar muchas cosas.

## *¡Somos nosotros los que giramos!*

Independientemente de lo que seamos los humanos en una visión detallada, en cualquier caso no dejamos de ser pedazos de la naturaleza; una pieza en el gran mosaico del cosmos, una piececita entre muchas otras.

Entre nosotros y el resto del mundo se dan interacciones físicas. Obviamente, no *todas* las variables interactúan con nosotros o con el fragmento de mundo al que pertenecemos. Solo una fracción muy diminuta de ellas lo hace; la mayoría no interactúan en absoluto con nosotros. No nos ven, ni nosotros las vemos a ellas. De ahí que haya configuraciones distintas del mundo que para nosotros resultan equivalentes. La interacción física entre un vaso de agua y yo –dos trozos de mundo– es independiente de los detalles del movimiento de cada molécula de agua. De manera similar, la interacción física entre una galaxia lejana y yo –de nuevo dos trozos de mundo– ignora el detalle de lo que sucede allí arriba. Por lo tanto, nuestra visión del mundo está desenfocada, puesto que las interacciones físicas entre nosotros y la parte del mundo a la que accedemos y pertenecemos están ciegas a numerosas variables.

Este desenfoque constituye el núcleo de la teoría de Boltzmann.[95] De él nacen los conceptos de calor y entropía, a los que están ligados los fenómenos que caracterizan el fluir del tiempo. La entropía de un sistema, en particular, depende explícitamente del desenfoque; de aquello que *no* veo, puesto que depende del número de configuraciones *indistinguibles*. Una *misma* configuración microscópica puede tener una elevada entropía con respecto a un desenfoque y baja con respecto a otro. El desenfoque, a su vez, no es un constructo mental: depende de la interacción física real; en consecuencia, la entropía de un sistema depende de la interacción física con dicho sistema.[96]

Eso no significa que la entropía sea una magnitud arbitraria y subjetiva; significa que es una magnitud *relativa,* como la velocidad. La velocidad de un objeto no es una propiedad del objeto en sí: es una propiedad del objeto con respecto a otro. La velocidad de un niño que corre en el interior de un tren en marcha tiene un valor con respecto al tren (unos pasos por segundo) y otro valor distinto con respecto a la Tierra (por ejemplo, cien kilómetros por hora). Si su madre le dice que se esté quieto, no pretende que salte por la ventanilla para detenerse *con respecto a la Tierra;* pretende que se quede quieto *con respecto al tren.* La velocidad es una propiedad de un cuerpo *en relación con otro cuerpo.* Una magnitud *relativa.*

Lo mismo vale para la entropía: la entropía de A con respecto a B cuenta el número de configuraciones de A que las interacciones físicas entre A y B no diferencian.

Aclarado este punto, que muy a menudo genera confusión, se abre una seductora solución al misterio de la flecha del tiempo.

La entropía *del mundo* no depende *solo* de la configuración de este: depende *también* del modo como nosotros lo estamos desenfocando, lo cual depende a su vez de cuáles son las variables del mundo con las que *nosotros* interactuamos, esto es, de la parte del mundo a la que pertenecemos.

La entropía inicial del mundo nos parece muy baja. Pero eso no atañe al estado exacto del mundo: atañe al subconjunto de variables de este con las que *nosotros,* como sistemas físicos, hemos interactuado. Si la entropía del mundo era baja, lo era en relación con el drástico desenfoque producido por *nuestras* interacciones con el mundo, en relación con el pequeño conjunto de variables macroscópicas en función de las cuales *nosotros* describimos el mundo.

Esto, que es un *hecho,* abre la posibilidad de que tal vez no sea el universo el que haya estado en una configuración extremadamente peculiar en el pasado: quizá los peculiares seamos nosotros, y nuestras interacciones con él. Acaso seamos nosotros quienes determinamos una descripción macroscópica peculiar. La baja entropía inicial del universo, y, por ende, la flecha del tiempo, podrían deberse a *nosotros,* más que al universo en sí. Esa es la idea.

Piense en uno de los fenómenos más evidentes y grandiosos, la rotación diurna del cielo. Es la característica más inmediata y soberbia del universo que nos rodea: que gira. Pero ¿de verdad ese giro es una característica del universo? Por supuesto que no. Necesitamos milenios, pero al final llegamos a comprender la rotación del cielo: descubrimos que somos *nosotros* quienes giramos, no el universo. La rotación del cielo es un efecto de perspectiva debido a nuestro particular modo de movernos, y no a determinadas propiedades misteriosas de la dinámica del universo.

En el caso de la flecha del tiempo podría ocurrir lo mismo. La baja entropía inicial del universo podría deberse al modo peculiar como nosotros –el sistema físico del que formamos parte– interactuamos con él. Estamos sintonizados con un subconjunto muy concreto de aspectos del universo, y sería *este* el que estaría orientado en el tiempo.

¿Cómo puede una interacción concreta entre nosotros y el resto del mundo determinar una baja entropía inicial?

Muy sencillo. Coja una baraja de 12 cartas de póquer, 6 rojas y 6 negras. Ordénelas poniendo delante las 6 cartas rojas. Baraje un poco y luego busque las cartas negras que hayan terminado entre las 6 primeras al barajar. Antes de barajar no había ninguna; después su número aumenta. Es un ejemplo mínimo de incremento de la entropía. Al comienzo del juego, el número de cartas negras entre las 6 primeras es 0 (la entropía es baja), porque el juego se ha iniciado en una configuración *especial.*

Pero probemos ahora un juego distinto. Baraje las cartas de manera arbitraria; luego *mire* las 6 primeras del mazo y memorícelas. Baraje un poco más, y a continuación busque *otras* cartas distintas que hayan quedado entre las 6 primeras. Al principio no había ninguna de ellas; luego ese número aumenta, como antes, y como la entropía. Pero hay una diferencia crucial con respecto al caso anterior: al principio las cartas estaban en una configuración *cualquiera;* somos *nosotros* quienes las hemos declarado peculiares por el hecho de verlas delante del mazo al comienzo del juego.

Lo mismo podría valer para la entropía del universo: quizá el universo no estuvo en una configuración peculiar.

Tal vez seamos nosotros los que pertenecemos a un sistema físico con respecto al cual aquel estado resultaba ser peculiar.

Pero ¿por qué habría de existir un sistema físico con respecto al cual la configuración inicial del universo resulte ser especial? Pues porque en la inmensidad del universo los sistemas físicos son innumerables, e interactúan unos con otros de formas aún más innumerables. Entre todos ellos, por el inmenso juego de las probabilidades y los grandes números, habrá casi con toda certeza alguno que interactúe con el resto del universo *precisamente* con aquellas variables que resultaban tener un valor peculiar en el pasado.

Que en un universo vastísimo como el nuestro haya subconjuntos «especiales» no resulta en absoluto sorprendente. No sorprende que haya *alguien* a quien le toca la lotería: cada semana le toca a una u otra persona. Es antinatural pensar que el universo entero ha estado en una configuración increíblemente «especial» en el pasado, pero no tiene nada de antinatural imaginar que el universo tiene partes «especiales».

Si un subconjunto del universo es especial en ese sentido, entonces para este *subconjunto* la entropía del universo es baja en el pasado, rige la segunda ley de la termodinámica, existen la memoria y el rastro, puede haber evolución, vida, pensamiento, etcétera.

En otras palabras, si en el universo hay algo parecido –y me parece natural que pueda haberlo–, nosotros pertenecemos a ese algo. Aquí «nosotros» significa el conjunto de variables físicas a las que normalmente tenemos acceso, con las que describimos el universo. Así pues, quizá el fluir del tiempo no sea una característica del universo: puede que, como la rotación de la bóveda estrellada, sea la perspectiva concreta del rincón del mundo al que pertenecemos.

Pero ¿por qué *nosotros* deberíamos pertenecer *precisamente* a uno de *esos* sistemas especiales?

Por el mismo motivo por el que las manzanas crecen *precisamente* en el norte de Europa, donde la gente bebe sidra, mientras que la uva crece *precisamente* en el sur, donde la gente bebe vino; o por el que en el lugar donde nací las personas hablan *precisamente* mi lengua, o por el que el Sol que nos calienta se halla *precisamente* a la distancia adecuada de nosotros, ni demasiado lejos ni demasiado cerca. En todos estos casos, la «extraña» coincidencia viene del hecho de confundir la dirección de las relaciones causales: no es que las manzanas crezcan donde la gente bebe sidra, sino que la gente bebe sidra donde crecen manzanas. Dicho así, no tiene nada de extraño.

De manera similar, en la inmensa variedad del universo puede ocurrir que haya sistemas físicos que interactúen con el resto del mundo a través de esas variables concretas que definen una baja entropía inicial. Con respecto a *estos* sistemas, la entropía se halla en constante aumento. Ahí, y no en otro lugar, se dan los fenómenos característicos del fluir del tiempo, es posible la vida, la evolución, nuestros pensamientos y nuestra conciencia del fluir del tiempo. Ahí están las manzanas que producen nuestra sidra: el tiempo. Ese dulce jugo, que contiene ambrosía y hiel, que es la vida.

### *Indicidad*

Cuando hacemos ciencia, queremos describir el mundo de la forma más objetiva posible. Tratamos de eliminar distorsiones e ilusiones ópticas derivadas de nuestro punto de vista. La ciencia ambiciona la objetividad; una perspectiva común donde podamos ponernos de acuerdo.

Eso es magnífico, pero hay que prestar atención a lo que se pierde al ignorar el punto de vista del observador. En su afán de objetividad, la ciencia no debe olvidar que nuestra experiencia del mundo es interna; cada mirada que posamos sobre el mundo parte, en cualquier caso, de una perspectiva concreta.

Tener en cuenta este hecho aclara muchas cosas. Por ejemplo, aclara la relación entre lo que dice un mapa geográfico y lo que vemos. Para confrontar un mapa geográfico con lo que vemos tenemos que añadir una información crucial: reconocer en dicho mapa el punto en el que nos encontramos. El mapa no sabe dónde estamos, a menos que esté fijo en un lugar de la propia zona que representa, como los mapas de senderos que se encuentran en los pueblos de montaña con un punto rojo que indica: «Usted está aquí.»

Lo cual no deja de ser una extraña frase, ya que ¿qué sabe el mapa de dónde estamos nosotros? A lo mejor lo estamos mirando de lejos con unos prismáticos. En el mapa debería indicarse más bien: «Yo, el mapa, estoy aquí», y una flecha señalando el punto rojo. Pero quizá eso sonaría un poco extraño: ¿cómo puede un mapa decir «yo»? Tal vez se podría disfrazar con una frase menos llamativa, tipo: «Este mapa está aquí», y la flecha señalando el punto rojo. Pero en este texto que hace referencia a sí mismo también hay algo que resulta curioso. ¿El qué?

Pues lo que los filósofos denominan «indicidad» o «indexicalidad». La indicidad es la característica que poseen ciertas palabras concretas que adquieren un significado distinto cada vez que se utilizan; un significado que viene determinado por dónde, cómo, cuándo y quién las pronuncia. Palabras como «aquí», «ahora», «yo», «esto», «esta noche»... adquieren un significado distinto según el sujeto que las pronuncia y las circunstancias en que se pronuncian. «Me llamo Carlo Rovelli» es una frase verdadera si la digo yo, pero generalmente falsa si la dice otro. «Hoy es 12 de septiembre de 2016» es una frase verdadera en el momento en que la escribo, pero falsa dentro de unas pocas horas. Los indícicos hacen referencia explícita al hecho de que existe un determinado punto de vista; un punto de vista que es un ingrediente de toda descripción del mundo observado.

Si damos una descripción del mundo que ignora los puntos de vista, que está formulada únicamente «desde fuera» –del espacio, del tiempo, de un sujeto–, podemos decir muchas cosas, pero perdemos algunos aspectos cruciales del mundo. Porque el mundo que nos es dado es el mundo visto desde dentro, no el mundo visto desde fuera.

Muchas cosas del mundo que vemos solo se comprenden si tenemos en cuenta la existencia del punto de vista, pero resultan incomprensibles en caso contrario. En cada una de nuestras experiencias estamos ubicados en el mundo: dentro de una mente, de un cerebro, en un lugar del espacio, en un momento del tiempo... Esta ubicación nuestra en el mundo es esencial para entender *nuestra* experiencia del tiempo. Es decir: no hay que confundir las estructuras temporales que hay en el mundo «visto desde fuera» con los aspectos del mundo que nosotros observamos, los cuales dependen de nuestra participación y nuestra ubicación en él.[97]

Para utilizar un mapa geográfico no basta con observarlo desde fuera: hemos de saber dónde estamos nosotros en la representación que dicho mapa nos da. Para entender nuestra experiencia del espacio no basta con pensar en el espacio de Newton: hemos de recordar que nosotros vemos ese espacio desde dentro, que estamos ubicados en él. Para entender el tiempo no es suficiente concebirlo desde fuera: hemos de entender cómo *nosotros,* en cada instante de nuestra experiencia, estamos ubicados en el tiempo.

Observamos el universo desde dentro, interactuando con una minúscula porción de las innumerables variables del cosmos. Vemos una imagen desenfocada de él. Y ese desenfoque implica que la dinámica del universo con la que interactuamos está gobernada por la entropía, que mide la envergadura del desenfoque. Mide algo que nos atañe a nosotros antes que al cosmos.

Nos estamos acercando peligrosamente a nosotros mismos. Ya nos parece oír a Tiresias, en el *Edipo*, diciendo: «¡Detente, o te encontrarás a ti mismo!»... O a Hildegarda de Bingen, que en el siglo XII busca lo absoluto y acaba por situar al «hombre universal» en el centro del cosmos.

El hombre universal en el centro del cosmos en el *Liber divinorum operum* de Hildegarda de Bingen (1164-1170).

Pero antes de llegar a este «nosotros» nos falta aún un capítulo, el próximo, para ilustrar cómo el aumento de la entropía –quizá, pues, solo un fenómeno de perspectiva– puede dar origen a toda la vasta fenomenología del tiempo.

A continuación resumo el áspero recorrido de los dos capítulos precedentes, confiando en no haber perdido ya a todos mis lectores: a nivel fundamental, el mundo es un conjunto de acontecimientos *no* ordenados en el tiempo.

Estos materializan relaciones entre variables físicas que *a priori* están en un mismo plano. Cada parte del mundo interactúa con una pequeña porción de todas las variables, cuyo valor determina «el estado del mundo con respecto a ese subsistema».

Para cada parte de mundo existen, pues, una serie de configuraciones indistinguibles del resto del mundo. La entropía las cuenta. Los estados con más configuraciones indistinguibles son más frecuentes, y, debido a ello, los estados de máxima entropía son los que genéricamente describen «el resto del mundo» visto desde un subsistema. De manera natural, a dichos estados se asocia un flujo con respecto al cual aparecen en equilibrio. El parámetro de dicho flujo es el tiempo térmico.

Entre las innumerables partes del mundo, sin duda hay algunas concretas para las que los estados asociados a un extremo del tiempo térmico tienen *pocas* configuraciones. Para *esos* sistemas, el flujo no es simétrico: la entropía aumenta. Ese incremento es lo que nosotros percibimos como el fluir del tiempo.

No estoy seguro de si se trata de una historia plausible, pero no conozco ninguna mejor. La alternativa es aceptar como un dato de observación el hecho de que al principio de la vida del universo la entropía era baja, y quedarse ahí.[98]

Es la ley $\Delta S \geq 0$, enunciada por Clausius, que Boltzmann empezó a descifrar, la que nos conduce a ello. Tras haberla perdido en la búsqueda de las leyes generales del mundo, la reencontramos ahora como un posible efecto de perspectiva asociado a determinados subsistemas concretos. Reemprendamos el camino desde aquí.

# 11. QUÉ SURGE DE UNA PECULIARIDAD

> ¿Por qué el alto pino
> y el pálido álamo
> entrelazan sus ramas
> para darnos esta sombra dulcísima?
> ¿Por qué el agua fugitiva
> inventa brillantes espiras
> en el tortuoso arroyo? (II, 9).

## *Es la entropía, no la energía, la que mueve el mundo*

En la escuela me decían que lo que hace girar el mundo es la energía. Debemos obtener energía, por ejemplo del petróleo, del Sol, o energía nuclear. La energía hace girar los motores y crecer las plantas, y nos hace despertar por la mañana llenos de vida.

Pero hay algo que no cuadra. La energía –me decían también en la escuela– se conserva: no se crea ni se destruye. Si se conserva, ¿qué necesidad tenemos de andar procurándonos constantemente energía nueva? ¿Por qué no utilizamos siempre la misma? La verdad es que energía hay de sobra, y no se consume. No es energía lo que necesita el mundo para seguir adelante: es baja entropía.

La energía (mecánica, química, eléctrica o potencial) se transforma en energía térmica, es decir, en calor, se va hacia las cosas frías, y de allí ya no hay forma de hacerla retroceder gratuitamente y reutilizarla de nuevo para hacer crecer una planta o girar un motor. En ese proceso la energía sigue siendo la misma, pero la entropía aumenta, y es *esta* la que no vuelve atrás. Es el segundo principio de la termodinámica el que la consume.

Las que hacen girar el mundo no son las fuentes de energía, son las fuentes de baja entropía. Sin baja entropía, la energía se diluiría en calor uniforme y el mundo llegaría a su estado de equilibrio térmico, donde ya no hay distinción entre pasado y futuro, y nada acontece.

Cerca de la Tierra tenemos una rica fuente de baja entropía: el Sol, que nos envía fotones calientes. Luego la Tierra irradia calor hacia el cielo negro, emitiendo fotones más fríos. La energía que entra es más o menos igual a la que sale; por lo tanto, en el intercambio no ganamos energía (y, si la ganamos, representa un desastre para nosotros: el calentamiento climático). Pero por cada fotón caliente que nos llega, la Tierra emite una decena de fotones fríos, puesto que un fotón caliente del sol tiene la misma energía que una decena de fotones fríos emitidos por la Tierra. El fotón caliente tiene *menos entropía* que los diez fotones fríos, porque el número de configuraciones de un solo fotón caliente es menor que el número de configuraciones de diez fotones fríos. Por lo tanto, para nosotros el Sol constituye una fuente riquísima y constante de baja entropía. Tenemos una gran abundancia de baja entropía a nuestra disposición, y es *esta* la que permite crecer a las plantas y a los animales, y a nosotros construir motores, ciudades, pensamientos... y escribir libros como este.

¿De dónde proviene la baja entropía del Sol? Del hecho de que, a su vez, este nace de una configuración de entropía aún menor: la nube primordial a partir de la que se formó el sistema solar tenía una entropía todavía más baja. Y así sucesivamente, hasta llegar a la bajísima entropía inicial del universo.

Es el incremento de la entropía del universo lo que impulsa la gran historia del cosmos.

Pero el aumento de la entropía en el universo no es un fenómeno rápido como la expansión repentina de un gas en un recipiente: es gradual y requiere tiempo. Aunque se utilice un gigantesco cucharón, remover algo tan grande como el universo lleva su tiempo. Y, sobre todo, existen puertas cerradas y obstáculos al incremento de la entropía, pasos difícilmente practicables.

Por ejemplo, una pila de leña, si la dejamos a su aire, dura mucho tiempo. No se halla en un estado de máxima entropía, porque los elementos de los que está compuesta, como carbono e hidrógeno, se combinan de un modo muy particular («ordenado») para dar forma a la madera. La entropía crece si se deshacen esas peculiares combinaciones, lo que sucede cuando se quema la leña: sus elementos se disgregan de las particulares estructuras que forman la madera, y la entropía aumenta bruscamente (el fuego es, de hecho, un proceso fuertemente irreversible). Pero la madera no empieza a arder por sí sola: se mantiene durante largo tiempo en su estado de baja entropía en tanto algo no le abra una puerta que le permita pasar a un estado de mayor entropía. Una pila de leña constituye un estado inestable, como un castillo de naipes, pero no se cae hasta que no aparece algo que la haga caer. Este algo puede ser, por ejemplo, una cerilla que encienda una llama. La llama es un proceso que abre un canal a través del cual la madera puede pasar a un estado de mayor entropía.

Los impedimentos que obstaculizan y, por ende, ralentizan el aumento de la entropía se hallan por doquier en el universo. Así, por ejemplo, en el pasado el universo era básicamente una inmensa extensión de hidrógeno. El hidrógeno puede fusionarse en helio, que tiene mayor entropía que aquel. Pero para que eso ocurra es necesario que se abra un canal: tiene que encenderse una estrella, y allí el hidrógeno empieza a quemarse y a convertirse en helio. ¿Y qué enciende las estrellas? Otro proceso que hace aumentar la entropía: la contracción debida a la gravedad de grandes nubes de hidrógeno que navegan por la galaxia. Una nube de hidrógeno contraída tiene mayor entropía que una nube de hidrógeno dispersa.[99] Pero, para contraerse, las nubes de hidrógeno necesitan a su vez millones de años a causa de su gran tamaño. Y solo después de haberse concentrado llegan a calentarse lo suficiente para activar el proceso de fusión nuclear que abre la puerta a la posibilidad de que la entropía siga aumentando al transformar el hidrógeno en helio.

Toda la historia del universo se reduce a ese renqueante y oscilante incremento cósmico de la entropía, un proceso que no es ni rápido ni uniforme, porque las cosas se quedan retenidas en diques de baja entropía (la pila de leña, la nube de hidrógeno...), hasta que interviene algo que abre la puerta a un proceso que permite que la entropía siga creciendo. El propio incremento de la entropía abre ocasionalmente nuevas puertas a través de las cuales esta empieza a acrecentarse de nuevo. Así, por ejemplo, una presa natural en un río de montaña retiene el agua hasta que el paso del tiempo la desgasta y el agua escapa al valle, incrementando así la entropía. A lo largo de ese accidentado recorrido, trozos pequeños o grandes de universo quedan constantemente aislados en situaciones relativamente estables durante períodos que pueden llegar a ser muy largos.

Los seres vivos están constituidos por procesos similares, que se activan unos a otros. Las plantas recogen los fotones de baja entropía del Sol mediante la fotosíntesis. Los animales se alimentan de baja entropía comiendo (si nos bastara la energía, en lugar de la entropía, acudiríamos todos al calor del Sáhara en lugar de comer). En el interior de cada célula viviente, la compleja red de procesos químicos que allí se dan configura una estructura que abre y cierra puertas a través de las cuales la baja entropía se incrementa. Las moléculas actúan como catalizadores que o bien permiten la activación de diversos procesos, o bien los frenan. El aumento de la entropía en cada proceso individual es lo que hace funcionar al conjunto. Esta red de procesos de incremento de entropía que se catalizan recíprocamente constituye la vida.[100] No es cierto, como a veces se dice, que la vida engendra estructuras particularmente ordenadas, o disminuye la entropía a escala local: simplemente es un proceso que se nutre de la baja entropía del alimento; es un desordenamiento autoestructurado, como el resto del universo.

Hasta los fenómenos más banales están gobernados por la segunda ley de la termodinámica. Una piedra cae al suelo. ¿Por qué? A menudo se lee que es porque la piedra se sitúa «en el estado de más baja energía», que sería el suelo. Pero ¿por qué la piedra debería situarse en el estado de más baja energía? ¿Por qué debería perder energía, si la energía se conserva? La respuesta es que, cuando la piedra golpea el suelo, lo calienta: su energía mecánica se transforma en calor, y de ahí ya no vuelve atrás. Si no existiera la segunda ley de la termodinámica, si no existiera el calor, si no existiera el pulular microscópico, la piedra seguiría rebotando, no se posaría nunca.

Es la entropía, no la energía, la que hace que las piedras se queden en el suelo y que el mundo gire.

Todo el devenir cósmico es un gradual proceso de desorden, como la baraja de cartas que empiezan ordenadas y luego se desordenan al mezclarlas. No hay unas manos inmensas que mezclen el universo; el universo se mezcla solo, en las interacciones entre sus partes que se abren y se cierran paso a paso en el propio curso de ese mezclarse. Grandes regiones permanecen retenidas en configuraciones que se mantienen ordenadas, y luego, aquí y allá, se abren nuevos canales a través de los cuales se expande el desorden.[101]

Lo que hace acontecer los eventos del mundo, lo que escribe la historia del mundo, es el irresistible mezclarse de todas las cosas, que va de las escasas configuraciones ordenadas a las innumerables configuraciones desordenadas. El universo entero es como una montaña que se derrumba poco a poco. Como una estructura que se va disgregando gradualmente.

Desde los eventos más diminutos hasta los más complejos, esta danza de entropía creciente, nutrida por la baja entropía inicial del cosmos, es la verdadera danza de Shiva, el destructor.

### *Huellas y causas*

Hay un efecto importante derivado del hecho de que en el pasado la entropía fuera baja, que resulta crucial para la distinción entre pasado y futuro, y que es ubicuo: las huellas que el pasado deja en el presente.

Dichas huellas están por todas partes. Los cráteres de la Luna son testimonio de antiguos impactos. Los fósiles nos muestran la forma de los seres vivos en el pasado. Los telescopios nos enseñan cómo eran antaño las galaxias lejanas. Los libros nos cuentan nuestra historia pasada. Nuestro cerebro bulle de recuerdos.

Existen huellas del pasado y no huellas del futuro *únicamente* porque en el pasado la entropía era baja; por ninguna otra razón. El único origen de la diferencia entre pasado y futuro es la baja entropía pasada; por lo tanto, no puede haber otras razones.

Para dejar una huella, es necesario que algo se detenga, que deje de moverse, y eso solo puede ocurrir con un proceso irreversible, es decir, degradando energía en calor. Por eso los ordenadores se calientan, el cerebro se calienta, los meteoros que caen en la Luna la calientan, y hasta la pluma de ganso de los amanuenses en las abadías benedictinas de la Edad Media calentaba un poco el papel en el punto donde depositaba la tinta. En un mundo sin calor, todo se aleja rebotando elástico y nada deja huella tras de sí.[102]

Es la presencia de abundantes huellas del pasado la que nos produce la familiar sensación de que el pasado está determinado. Por el contrario, la ausencia de huellas similares del futuro nos produce la sensación de que este último está abierto. La existencia de huellas hace que nuestro cerebro pueda disponer de extensos mapas de eventos pasados, mientras que no posee nada similar para los eventos futuros. Este hecho está en el origen de nuestra sensación de poder actuar libremente en el mundo, eligiendo entre diversos futuros posibles, pero de no poder actuar, en cambio, sobre el pasado.

Los vastos mecanismos del cerebro de los que no tenemos conciencia directa («No sé por qué estoy tan triste», dice Antonio al entrar en escena en *El mercader de Venecia)* se han diseñado en el curso de la evolución para hacer cálculos relativos a distintos futuros potenciales: es lo que llamamos «decidir». Y puesto que procesan los posibles futuros alternativos que se seguirían si el presente fuera exactamente como es salvo por un detalle, nos resulta natural pensar en términos de «causas» que preceden a «efectos»: la causa de un evento futuro es un evento pasado tal que el evento futuro no se seguiría en un mundo en el que todo fuese igual excepto la causa.[103]

En nuestra experiencia, el concepto de causa es asimétrico en el tiempo: la causa precede al efecto. Cuando reconocemos, en particular, que dos eventos «tienen la misma causa», encontramos esa causa común[104] en el pasado, no en el futuro: si dos olas de tsunami llegan juntas a dos islas vecinas, pensamos que ha habido un evento que las ha generado a ambas *en el pasado,* no en el futuro. Pero eso no ocurre porque exista una mágica fuerza de «causación» del pasado hacia el futuro, sino porque la improbabilidad de una correlación entre dos eventos requiere de algo improbable, y *solo* la baja entropía del pasado exhibe esa improbabilidad. ¿Qué otra cosa podría ser? En otras palabras, la existencia de causas comunes en el pasado no es más que una manifestación de la baja entropía pasada. En un estado de equilibrio térmico, o en un sistema puramente mecánico, no existe una dirección del tiempo identificada por la causación.

Las leyes de la física elemental no hablan de «causas», sino únicamente de regularidades, simétricas con respecto a pasado y futuro. Bertrand Russell señalaba este hecho en un célebre artículo, donde escribía enfáticamente: «La ley de la causalidad [...] es una reliquia de una era pasada que sobrevive, como la monarquía, solo porque se supone erróneamente que no hace daño.»[105] Russell exageraba, porque el hecho de que no haya «causas» *a nivel elemental* no es razón suficiente para hacer obsoleto el concepto de causa:[106] a nivel elemental tampoco hay gatos, pero no por eso dejamos de cuidar de ellos. La baja entropía del pasado hace eficaz la noción de causa.

Pero «memoria», «causas y efectos», «fluir», «determinación del pasado» e «indeterminación del futuro» no son más que nombres que damos a las consecuencias de un hecho estadístico: la improbabilidad de un estado pasado del universo.

Causas, memoria, huellas, la propia historia del acontecer del mundo que se extiende no solo en los siglos y milenios de la historia humana, sino en los miles de millones de años del gran relato cósmico: todo ello nace simplemente del hecho de que la configuración de las cosas fue «particular» hace unos cuantos miles de millones de años.[107]

Y «particular», por otra parte, es un término relativo: se es particular con respecto a cierta perspectiva, a un desenfoque, que a su vez viene determinado por las interacciones de un sistema físico con el resto del mundo. Así pues, causas, memoria, huellas, la propia historia del acontecer del mundo, pueden ser solo una cuestión de perspectiva: como la rotación del cielo, un efecto de nuestro peculiar punto de vista sobre el mundo... Inexorablemente, el estudio del tiempo no hace sino remitirnos de nuevo a nuestro mirar; y entonces retornamos finalmente a nosotros mismos.

> Feliz
> y dueño de sí
> el hombre que
> para cada día de su tiempo
> puede decir:
> «Hoy he vivido;
> mañana, ya extienda el dios para nosotros
> un horizonte de oscuros nubarrones
> o invente una mañana límpida de luz,
> no cambiará nuestro pobre pasado,
> ni convertirá en una nada sin memoria
> las vicisitudes que la hora fugitiva
> nos haya asignado» (III, 29).

Llegamos, pues, a nosotros mismos y al papel que desempeñamos con respecto a la naturaleza del tiempo. Ante todo, ¿qué somos «nosotros», los seres humanos? ¿Entidades? Pero el mundo no está hecho de entidades, sino de acontecimientos que se combinan... Entonces, ¿qué soy «yo»?

En el *Milinda-pañja,* un texto budista escrito en lengua pali en el siglo I de nuestra era, Nagasena responde a las preguntas del rey Milinda, negando su existencia como entidad:[108]

> El rey Milinda le pregunta al sabio Nagasena: ¿Cuál es tu nombre, maestro? El maestro responde: Me llamo Nagasena, ¡oh, gran rey!; pero Nagasena no es más que un nombre, una denominación, una expresión, una simple palabra: no hay aquí sujeto alguno.

El rey se asombra ante una afirmación que suena tan extrema:

> Si no hay sujeto alguno, ¿quién tiene vestiduras y sustento? ¿Quién vive en la virtud? ¿Quién mata, quién roba, quién tiene placeres, quién miente? Si ya no hay artífice, ya no hay ni bien ni mal...

y argumenta que el sujeto debe tener una existencia propia, que no se reduce a sus componentes:

> ¿Acaso los cabellos son Nagasena, maestro? ¿Lo son las uñas o los dientes o la carne o los huesos? ¿Lo es el nombre? ¿Lo son las sensaciones, las representaciones, el conocimiento? Nada de todo eso...

El sabio responde que, en efecto, «Nagasena» no es nada de todo eso, y el rey parece ganar el debate: si Nagasena no es nada de todo eso, entonces tiene que ser alguna otra cosa, y esa otra cosa será el sujeto Nagasena, que, por lo tanto, existe.

Pero el sabio vuelve su propio argumento en su contra, preguntándole dónde está un carro:

> ¿Acaso las ruedas son el carro? ¿La plataforma es el carro? ¿El yugo es el carro? ¿Es el conjunto de las partes el carro?

El rey responde con cautela que «carro» solo hace referencia a la relación entre, y con, el conjunto de ruedas, plataforma, yugo..., a su funcionamiento conjunto y con respecto a nosotros, y no existe la entidad «carro» más allá de esas relaciones y acontecimientos. Vence, pues, Nagasena: al igual que «carro», el nombre «Nagasena» no designa sino un conjunto de relaciones y acontecimientos...

Somos procesos, acontecimientos, compuestos y limitados en el espacio y en el tiempo.

Pero, si no somos una entidad individual, ¿qué fundamenta nuestra identidad y nuestra unidad? ¿Qué hace que yo sea Carlo, y considere parte de mí tanto mis cabellos como las uñas de mis pies, tanto mis enfados como mis sueños, y me considere el mismo Carlo de ayer, el mismo Carlo de mañana, que piensa, sufre y percibe?

Hay numerosos ingredientes que fundamentan nuestra identidad. Tres de ellos son importantes para la argumentación de este libro:

1. El primero es que cada uno de nosotros se identifica con *un punto de vista* sobre el mundo. El mundo se refleja en cada uno de nosotros a través de una rica gama de correlaciones esenciales para nuestra supervivencia.[109] Cada uno de nosotros es un proceso complejo que refleja el mundo y elabora su información de una manera estrechamente integrada.[110]

2. El segundo ingrediente que fundamenta nuestra identidad es el mismo que el del carro. Al reflejar el mundo, lo organizamos en entes: concebimos el mundo agrupando y fragmentando a la buena de Dios un continuo de procesos más o menos uniformes y estables a fin de interactuar mejor con ellos. Agrupamos un conjunto de rocas en un ente que llamamos Mont Blanc, y lo concebimos como algo unitario. Trazamos líneas en el mundo que lo dividen en partes; establecemos fronteras, nos apropiamos del mundo haciéndolo pedazos. Es la estructura de nuestro sistema nervioso la que funciona así. Recibe impulsos sensoriales, y a continuación elabora información, generando un comportamiento. Lo hace mediante redes de neuronas que configuran sistemas dinámicos flexibles, los cuales se modifican constantemente tratando de prever[111] –en la medida de lo posible– el flujo de información entrante. Para poder hacer eso, las redes de neuronas se desarrollan asociando puntos fijos más o menos es-

tables de su dinámica a pautas recurrentes que detectan en la información entrante o, indirectamente, en los propios procedimientos de elaboración. Eso es lo que parece revelar el vigoroso campo de las investigaciones actuales sobre el cerebro.[112] Si es así, entonces las «cosas», como los «conceptos», son puntos fijos en la dinámica neuronal, inducidos por estructuras recurrentes en los impulsos sensoriales y en el proceso de su posterior elaboración. Reflejan una combinación de aspectos del mundo que dependen de estructuras recurrentes en este y de su relevancia en la interacción con nosotros. Eso es un carro. Hume estaría encantado de conocer estos progresos en la comprensión del cerebro.

En particular, agrupamos en una imagen unitaria el conjunto de procesos que constituyen aquellos organismos vivientes que son los *otros* seres humanos, puesto que nuestra vida es social y, en consecuencia, interactuamos sobremanera con ellos, y ellos representan nodos de causas y efectos harto relevantes para nosotros. Nos hemos formado una idea de «ser humano» interactuando con el prójimo. Personalmente creo que la noción de nosotros mismos viene de ahí, no de la introspección. Cuando pensamos en nosotros como personas, creo que nos estamos aplicando a nosotros mismos los circuitos mentales que hemos desarrollado para tratar con nuestros semejantes. La primera imagen de mí mismo que tengo de pequeño es el niño que veía mi madre. Somos para nosotros mismos, en gran medida, lo que vemos y hemos visto de nosotros reflejado en nuestros amigos, amores y enemigos.

Nunca me ha convencido la idea, a menudo atribuida a Descartes, de que la conciencia del hecho de que pensamos y, por lo tanto, existimos ocupa un lugar prioritario en nuestra experiencia. (Dicho sea entre paréntesis, la propia atribución de la idea a Descartes me parece errónea: *Cogito ergo sum* no es el primer paso de la reconstrucción cartesiana, sino el segundo; el primero es *Dubito ergo cogito*. El punto de partida de la reconstrucción no es un hipotético *a priori* inmediato de la experiencia de existir como sujeto. Esta es más bien una reflexión racionalista *a posteriori* del recorrido que *previamente* le había llevado a dudar: puesto que ha dudado, la razón le garantiza que quien duda piensa y, por ende, existe. Se trata de una consideración sustancialmente en tercera persona, no en primera persona, aunque se desarrolla en privado. El punto de partida de Descartes es la duda metódica de un culto y refinado intelectual, no la experiencia elemental de un sujeto.) La experiencia de pensarse como sujeto no es una experiencia primaria: es una compleja deducción cultural, derivada de muchos pensamientos. Mi experiencia primaria –admitiendo que eso signifique algo– es la de ver el mundo que me rodea, no a mí mismo. Creo que tenemos una idea de «mí mismo» solo porque en un determinado momento aprendemos a proyectar en nosotros la idea de ser humano, de prójimo, que la evolución nos ha llevado a desarrollar en el curso de milenios para tratar con los otros miembros de nuestro grupo; somos el reflejo de la idea de nosotros que captamos en nuestros semejantes.

3. Pero hay un tercer ingrediente que fundamenta nuestra identidad, y que probablemente es el que resulta esencial; aquel por el cual aparece esta delicada exposición en un libro sobre el tiempo: la memoria.

No somos un conjunto de procesos independientes en momentos sucesivos. Cada momento de nuestra existencia está ligado con un peculiar triple hilo a nuestro pasado –tanto el inmediatamente anterior como el más lejano– por la memoria. Nuestro presente bulle de huellas de nuestro pasado. Somos *historias* por nosotros mismos. Relatos. Yo no soy esta instantánea masa de carne recostada en el sofá que teclea la letra «a» en el ordenador portátil; soy mis pensamientos llenos de huellas de la frase que estoy escribiendo, soy las caricias de mi madre, la serena dulzura con la que me guió mi padre, soy mis viajes adolescentes, mis lecturas que se han estratificado en mi cerebro, mis amores, mis desesperaciones, mis amistades, lo que he escrito y escuchado, los rostros que han quedado impresos en mi memoria. Soy sobre todo el que hace un minuto se ha servido una taza de té. El que hace un instante ha tecleado la palabra «memoria» en el teclado de este ordenador. El que hace nada imaginaba esta frase que ahora estoy completando. Si todo esto desapareciera, ¿seguiría existiendo? Yo soy esta larga novela que es mi vida.

Y la memoria que une los procesos dispersos en el tiempo de los que estamos constituidos. En ese sentido existimos en el tiempo. Por eso soy el mismo de ayer. Entendernos a nosotros mismos significa reflexionar sobre el tiempo; pero comprender el tiempo significa reflexionar sobre nosotros mismos.

Hay un libro reciente dedicado a la investigación sobre el funcionamiento del cerebro que lleva por título *Tu cerebro es una máquina del tiempo*.[113] La obra expone las numerosas formas en que el cerebro interactúa con el paso del tiempo y establece puentes entre pasado, presente y futuro. En gran medida, el cerebro es un mecanismo que recoge la memoria del pasado a fin de utilizarla constantemente para predecir el futuro. Esto ocurre en un amplio abanico de escalas temporales, desde algunas muy cortas –si alguien nos lanza un objeto, nuestra mano se mueve con destreza hacia el lugar donde va a llegar el objeto dentro de un instante para agarrarlo: el cerebro, utilizando las impresiones del pasado, ha calculado muy rápidamente la futura posición del objeto que está volando hacia nosotros– hasta otras mucho más largas, como cuando plantamos el grano para que crezca la espiga. O cuando invertimos en investigación científica porque mañana esta puede traernos tecnología y conocimiento. Obviamente, la posibilidad de prever algo del futuro mejora las probabilidades de supervivencia; por lo tanto, la evolución ha seleccionado estas estructuras neurales, y nosotros somos el resultado de ello. Este vivir a caballo entre eventos pasados y futuros es fundamental en nuestra estructura mental. Ese es para nosotros el «fluir» del tiempo.

Hay estructuras elementales en el cableado de nuestro sistema nervioso que registran de inmediato el movimiento: un objeto que aparece en un lugar e inmediatamente después en otro no genera dos señales distintas que viajan hacia el cerebro desfasadas en el tiempo, sino una única señal, relacionada con el hecho de que estamos observando una cosa que se mueve; en otras palabras, que lo que percibimos no es el presente, que en cualquier caso no tendría sentido para un sistema que funciona en escalas de tiempos finitas, sino algo que acontece y se extiende en el tiempo. Una extensión en el tiempo se condensa en nuestro cerebro como percepción de una duración.

Esta intuición es antigua. Son célebres al respecto las consideraciones de San Agustín.

En el libro XI de las *Confesiones,* Agustín reflexiona sobre la naturaleza del tiempo, y –aunque interrumpido por frecuentes exclamaciones al estilo predicador evangélico que personalmente me parecen bastante tediosas– presenta un lúcido análisis de nuestra posibilidad de percibir el tiempo. Observa que estamos siempre en el presente, porque el pasado es pasado y, por lo tanto, no es, mientras que el futuro todavía tiene que llegar y, por lo tanto, tampoco es. Y se pregunta cómo podemos ser conscientes de la duración, y aun menos ponderarla, estando siempre únicamente en el presente, que es por definición instantáneo. ¿Cómo nos las arreglamos para saber con tanta claridad del pasado, del tiempo, si estamos constantemente solo en el presente? Aquí y ahora no hay pasado ni futuro. ¿Dónde están? La conclusión de Agustín: están en nosotros.

Es en mi mente, pues, donde mido el tiempo. No debo permitir que mi mente insista en que el tiempo es algo objetivo. Cuando mido el tiempo, estoy midiendo algo en el presente de mi mente. O el tiempo es eso, o no sé qué es.

La idea resulta más convincente de lo que a primera vista podría parecer. Podemos decir que medimos la duración con un reloj. Pero para ello habría que leer el reloj en dos momentos a la vez: eso no es posible, puesto que nosotros siempre estamos en un único momento, nunca en dos. En el presente vemos solo el presente; podemos ver cosas que interpretamos como *huellas* del pasado, pero entre ver huellas del pasado y percibir el fluir del tiempo existe una diferencia capital, y Agustín comprendió que la raíz de esa diferencia, la conciencia del paso del tiempo, es de naturaleza interna. Forma parte de la mente. Son las huellas del pasado en el cerebro.

El análisis que hace Agustín es muy hermoso. Se basa en la música. Cuando escuchamos un himno, el sentido de un sonido viene dado por los sonidos anteriores y posteriores. La música únicamente tiene sentido en el tiempo; pero si nosotros, en todo momento, estamos solo en el presente, ¿cómo podemos captar ese sentido? Podemos –observa Agustín– porque nuestra conciencia se fundamenta en la memoria y en la anticipación. El himno, un canto, de algún modo están presentes en nuestra mente de forma unitaria; hay algo que los unifica, y ese algo es lo que para nosotros es el tiempo. Tal es, pues, el tiempo: está íntegramente en el presente, en nuestra mente, como memoria y como anticipación.

La noción de que el tiempo pueda existir solo en la mente no se convertiría precisamente en la idea predominante en el pensamiento cristiano. Lejos de ello, sería una de las proposiciones condenadas explícitamente como heréticas por el obispo de París, Étienne Tempier, en 1277. Entre su lista de proposiciones condenadas se lee:

*Quod evum et tempus nichil sunt in re,*
*sed solum in apprehensione.*[114]

Es decir: «[Es herético sostener que] las edades y el tiempo no tienen existencia en la realidad, sino solo en la mente». Puede que mi libro esté rozando la herejía..., pero, dado que a Agustín se le sigue considerando santo, diría que no debo preocuparme: el cristianismo es flexible...

Puede parecer fácil objetar a Agustín que las huellas del pasado que él encuentra dentro de sí quizá estén ahí solo porque reflejan una estructura real del mundo exterior. En el siglo XIV, por ejemplo, Guillermo de Ockham sostiene en su *Philosophia naturalis* que el hombre observa tanto los movimientos del cielo como los que se dan dentro de sí, y, en consecuencia, percibe el tiempo a través de su propia coexistencia con el mundo. Siglos después, Husserl insistirá –acertadamente– en la distinción entre tiempo físico y «conciencia interior del tiempo»: para un sano naturalista como él, que no quiere ahogarse en los inútiles remolinos del idealismo, el primero (el mundo físico) es anterior, mientras que la segunda (la conciencia) –independientemente de lo bien que la captemos– viene determinada por aquel. Se trata de una objeción del todo razonable en la medida en que la física nos tranquilice asegurándonos que el flujo del tiempo exterior a nosotros es real, universal y coherente con nuestras intuiciones. Pero si la física nos enseña hasta qué punto semejante tiempo *no* es una parte elemental de la realidad física, ¿podemos seguir ignorando la observación de Agustín y considerarla irrelevante con respecto a la naturaleza del tiempo?

La intuición acerca de la naturaleza *interna* antes que *externa* del tiempo reaparece repetidamente en la reflexión filosófica occidental. Kant analiza la naturaleza del espacio y el tiempo en la *Crítica de la razón pura,* e interpreta uno y otro como formas *a priori* del conocimiento, es decir, como algo que no atañe tanto al mundo objetivo en sí como a la forma de captarlo por parte del sujeto. Pero también observa que, mientras que el espacio es forma del sentido *externo,* es decir, es el modo de poner orden en las cosas que vemos en el mundo *fuera* de nosotros, el tiempo es forma del sentido *interno,* esto es, nuestra manera de ordenar estados *interiores*, dentro de nosotros. Una vez más: la base de la estructura temporal del mundo se busca en algo que atañe estrechamente al funcionamiento de nuestro pensamiento. La observación sigue siendo pertinente aun sin necesidad de quedarnos enredados en el trascendentalismo kantiano.

Husserl se hace eco de Agustín cuando describe la formación primera de la experiencia en términos de «retención», utilizando como él la metáfora de la audición de una melodía[115] (entretanto el mundo se había aburguesado, y de los himnos se había pasado a las melodías): en el momento en que escuchamos una nota, la nota anterior queda «retenida»; luego se retiene la retención, y así las notas se van difuminando gradualmente, de forma que el presente contiene huellas continuas del pasado cada vez más difusas.[116] Esta retención es lo que hace, para Husserl, que los fenómenos «constituyan el tiempo». El diagrama adjunto es suyo: el eje horizontal, de A a E, representa el tiempo que transcurre; el vertical, de E a A', representa la «retención» en el momento E, donde el progresivo «hundimiento» lleva A a A'. Los fenómenos constituyen el tiempo porque en el momento E existen P' y A'. Lo interesante aquí es que Husserl no identifica la fuente de la fenomenología del tiempo en la hipotética sucesión objetiva de los fenómenos (el eje horizontal del diagrama), sino en la memoria

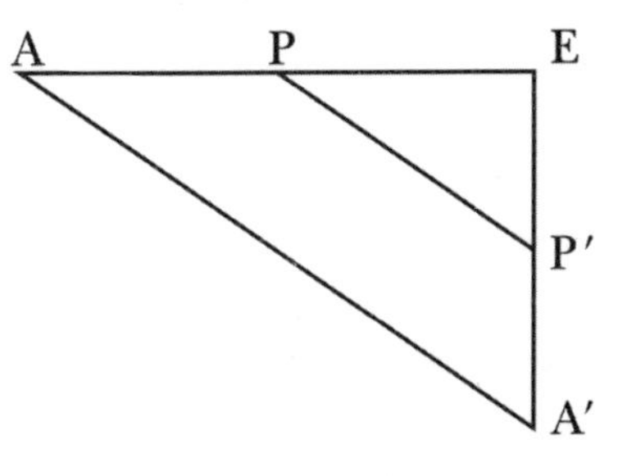

(y de manera similar en la anticipación, que Husserl denomina «protensión»), es decir, en el eje vertical. El aspecto que quiero subrayar es que esto sigue siendo válido (en una filosofía naturalista) incluso en un mundo físico donde no haya un tiempo físico organizado globalmente a lo largo de una línea temporal, sino únicamente huellas generadas por la variación de la entropía.

Siguiendo la estela de Husserl, Heidegger –por lo que mi preferencia por la expresión clara y transparente de Galileo me permite descifrar de la afectada oscuridad de su lenguaje– escribe que «el tiempo se temporaliza solo en la medida en que hay seres humanos».[117] También para él, el tiempo es el tiempo del hombre, tiempo para hacer, para aquello de lo que el hombre se ocupa. Aunque luego, como únicamente le interesa lo que el ser es para el hombre (para «el ente que se plantea el problema del ser»),[118] Heidegger termina por identificar la conciencia interior del tiempo como el propio horizonte del ser.

Estas intuiciones acerca de hasta qué punto el tiempo es inherente al sujeto siguen siendo significativas incluso en el ámbito de un sano naturalismo, que concibe el sujeto como parte de la naturaleza y no teme hablar de la «realidad» y estudiarla, aunque sin perder de vista el hecho de que lo que llega a nuestra conciencia y a nuestra intuición se ve filtrado de manera radical por la forma en que funciona ese limitado instrumento que es nuestra mente –parte de esa realidad–, y, por tanto, depende de la interacción entre un mundo externo y las estructuras con las que funciona la mente.

Pero la mente no es otra cosa que el funcionamiento de nuestro cerebro. Lo (poco) que empezamos a entender acerca de dicho funcionamiento nos dice que nuestro cerebro funciona íntegramente según un conjunto de *huellas* del pasado, impresas en las sinapsis que interconectan las neuronas. Las sinapsis se forman continuamente a millares, y luego se eliminan –sobre todo durante el sueño–, dejando una imagen desenfocada del pasado: de lo que en el pasado influyó en nuestro sistema nervioso. Imagen desenfocada, es cierto –piense en cuántos millones de detalles ven nuestros ojos a cada instante que luego no quedan grabados en la memoria–, pero capaz de contener mundos.

Mundos inmensos.

Son esos mundos que el joven Marcel descubre confuso cada mañana, en el vértigo del momento en que la conciencia emerge como una burbuja de profundidades insondables, en las páginas iniciales de la *Recherche*.[119] Ese mundo del que luego se abren a Marcel vastos territorios cuando el sabor de la magdalena le vuelve a traer el perfume de Combray. Un mundo inmenso, del que Proust devana lentamente un mapa que se desarrolla a lo largo de las tres mil páginas de su gran novela. Una novela, cabe señalar, que no relata eventos del mundo: relata lo que hay dentro de una sola memoria. Desde el perfume de la magdalena hasta la última palabra («tiempo») de *El tiempo recobrado,* la obra no es más que un desordenado y detallado paseo por las sinapsis del cerebro de Marcel.

Allí dentro, en aquellos pocos centímetros cúbicos de materia gris, Proust encuentra un espacio ilimitado, una multitud inverosímil de detalles, perfumes, consideraciones, sensaciones, reflexiones, reelaboraciones, colores, objetos, nombres, miradas, emociones... Todo dentro de los pliegues del cerebro que se extiende entre las dos orejas de Marcel. Ese es el fluir del tiempo del que tenemos experiencia: es ahí dentro donde anida, en nuestro interior, en la presencia tan crucial de las huellas del pasado en nuestras neuronas.

Proust es explícito: «La realidad se forma tan solo en la memoria», escribe en el primer libro.[120] Y la memoria, a su vez, es una colección de huellas, un producto indirecto del desordenarse del mundo, de la pequeña ecuación formulada páginas atrás, $\Delta S \geq 0$, que nos dice que en el pasado el estado del mundo se hallaba en una configuración «particular», y por eso deja huellas; y quizá «particular» solo con respecto a algunos raros subsistemas, nosotros entre ellos.

Somos historias, contenidas en esos veinte complejos centímetros que tenemos detrás de los ojos, líneas dibujadas por huellas que ha dejado la agitación de las cosas del mundo, y orientadas a predecir acontecimientos de cara al futuro, en la dirección de la entropía creciente, en un rincón algo peculiar de este inmenso y desordenado universo.

Este espacio, la memoria, junto con nuestro constante ejercicio de anticipación, es la fuente de nuestra percepción del tiempo como tiempo, y de nosotros como nosotros.[121] Piénselo: nuestra introspección puede imaginarse fácilmente existiendo sin que exista el espacio o sin que exista la materia, pero ¿puede imaginarse no existiendo en el tiempo?[122]

En relación con ese sistema físico al que pertenecemos, por el modo peculiar en que interactúa con el resto del mundo, gracias al hecho de que permite las huellas y porque nosotros como entidades físicas somos ante todo memoria y anticipación, se abre para nosotros la perspectiva del tiempo como nuestro pequeño claro iluminado:[123] el tiempo que nos abre nuestro parcial acceso al mundo.[124] El tiempo es, pues, la forma en que nosotros, seres cuyo cerebro está hecho esencialmente de memoria y previsión, interactuamos con el mundo; es la fuente de nuestra identidad.[125]

Y de nuestro dolor.

Buda lo resumió en unas cuantas fórmulas, que millones de hombres han tomado como fundamento de su propia vida: el nacimiento es dolor, la decadencia es dolor, la enfermedad es dolor, la muerte es dolor, la unión con lo que odiamos es dolor, la separación de lo que amamos es dolor, no obtener lo que deseamos es dolor.[126] Es dolor porque aquello que tenemos, y a lo que nos apegamos, luego lo perdemos. Porque todo lo que empieza después termina. Lo que sufrimos no está ni en el pasado ni en el futuro: está ahí ahora, en nuestra memoria, en nuestras anticipaciones. Anhelamos la atemporalidad, sufrimos el tránsito; sufrimos el tiempo. El tiempo es dolor.

Tal es el tiempo, y por eso nos fascina y nos inquieta, y quizá también por eso, lector, hermano, tenga este libro entre las manos. Porque no es otra cosa que una lábil estructura del mundo, una fluctuación efímera en el acontecer del mundo, lo que posee la característica de dar origen a lo que somos: seres hechos de tiempo. De hacernos ser, de regalarnos el precioso don de nuestra misma existencia, de permitirnos crear esa ilusión fugaz de permanencia que es la raíz de todo nuestro sufrir.

La música de Strauss y las palabras de Hofmannsthal lo cantan con desgarradora ligereza:[127]

Recuerdo a una niña [...]
¿Cómo puede ser...
que una vez fuera la pequeña Resi
y un día me convierta en una anciana?
[...] Si Dios quiere que así sea, ¿por qué me permite verlo?
¿Por qué no me lo oculta?
Es todo un misterio, un misterio tan profundo [...]
Siento la fragilidad de las cosas en el tiempo.
En mi corazón, siento que no deberíamos aferrarnos a nada.
Todo se escurre entre los dedos.
Todo lo que intentamos sujetar se disuelve.
Todo se desvanece como niebla y sueños [...]
El tiempo es una cosa extraña.
Cuando no lo necesitamos, no es nada.
Luego, de pronto, no hay nada más.
Nos rodea por todas partes. Y también está dentro de nosotros.
Se insinúa en nuestros rostros.

Se insinúa en el espejo, discurre entre mis sienes.
Y entre tú y yo discurre en silencio, como un reloj de arena.
¡Ay, Quinquin!
A veces lo siento fluir inexorable.
A veces me levanto en mitad de la noche
y paro todos los relojes...

# 13. LAS FUENTES DEL TIEMPO

> Quizá el dios nos reserve muchas estaciones aún,
> o quizá la última sea este invierno
> que ahora las olas del Tirreno
> encamina a romperse contra
> escollos de corroída pómez:
> sé sabia. Vierte el vino
> y cierra en este breve círculo
> tu larga esperanza (I, 11).

Hemos partido de la imagen del tiempo que nos resulta familiar: algo que discurre uniforme e igual en todo el universo, y en cuyo transcurrir acontecen todas las cosas. Existe en todo el cosmos un presente, un «ahora», que es la realidad. El pasado es fijo, acaecido, el mismo para todos; el futuro, abierto, todavía indeterminado. La realidad discurre del pasado al futuro a través del presente, y la evolución de las cosas es intrínsecamente asimétrica entre el pasado y el futuro. Esa, creíamos, es la estructura básica del mundo.

Este panorama familiar se ha desmoronado, ha demostrado ser solo una aproximación de una aproximación de una realidad más compleja.

El presente común a todo el universo no existe (capítulo 3). Los acontecimientos no están todos ordenados en pasados, presentes y futuros: solo están «parcialmente» ordenados. Hay un presente próximo a nosotros, pero no algo que pueda llamarse «presente» en una galaxia lejana. El presente es un concepto local, no global.

La diferencia entre pasado y futuro no existe en las ecuaciones elementales que gobiernan los eventos del mundo (capítulo 2). Se deriva únicamente del hecho de que en el pasado el mundo resultó hallarse en un estado que ante nuestra mirada desenfocada parece particular.

Localmente, el tiempo discurre a velocidades distintas en función de dónde estamos y a qué velocidad nos desplazamos. Cuanto más cerca estamos de una masa (capítulo 1), o más deprisa nos movemos (capítulo 3), más se ralentiza el tiempo: entre dos eventos no hay una duración única; hay muchas duraciones posibles.

Los ritmos a los que discurre el tiempo vienen determinados por el campo gravitatorio, que es una entidad real y tiene su dinámica propia, descrita en las ecuaciones de Einstein. Si omitimos los efectos cuánticos, tiempo y espacio son aspectos de una gran gelatina móvil en la que estamos inmersos (capítulo 4).

Pero el mundo es cuántico, y la gelatina del espacio-tiempo resulta ser, también ella, una aproximación. En la gramática elemental del mundo no hay ni espacio ni tiempo: solo procesos que transforman unas en otras diversas magnitudes físicas, y de los que podemos calcular probabilidades y relaciones (capítulo 5).

En el nivel más fundamental que hoy conocemos, pues, hay pocas cosas que se asemejen al tiempo de nuestra experiencia. No hay una variable «tiempo» especial, no hay diferencia entre pasado y futuro, no hay espacio-tiempo (Parte segunda). Aun así somos capaces de formular ecuaciones que describen el mundo. En dichas ecuaciones, las variables evolucionan unas con respecto a otras (capítulo 8). No es un mundo «estático», ni un «universo de bloque» donde el cambio es ilusorio (capítulo 7): al contrario, es un mundo de acontecimientos y no de cosas (capítulo 6).

Este ha sido el viaje de ida, hacia un universo sin tiempo.

El viaje de vuelta ha consistido en el intento de entender cómo de este mundo sin tiempo puede surgir (capítulo 9) nuestra percepción del tiempo. La sorpresa ha sido descubrir que en ese surgimiento de los aspectos familiares del tiempo nosotros mismos desempeñamos un papel. Desde *nuestra* perspectiva, la perspectiva de criaturas que son una pequeña parte del mundo, vemos a este último transcurrir en el tiempo. Nuestra interacción con el mundo es parcial, y por ello lo vemos desenfocado. A ese desenfoque se añade la indeterminación cuántica. La ignorancia que de ello se deriva determina la existencia de una variable concreta, el tiempo térmico (capítulo 9), y de una entropía que cuantifica nuestra incertidumbre.

Quizá pertenezcamos a un subconjunto peculiar del mundo que interactúa con el resto de tal forma que esa entropía resulta ser baja en una dirección de nuestro tiempo térmico. La orientación del tiempo es entonces real, pero fruto de una perspectiva (capítulo 10): la entropía del mundo *con respecto a nosotros* aumenta con nuestro tiempo térmico. Vemos un acontecer de cosas ordenado según esta variable, a la que denominamos simplemente «tiempo», y para nosotros el aumento de la entropía distingue el pasado del futuro y guía la expansión del cosmos. Determina la existencia de huellas, restos y memorias del pasado (capítulo 11). Nosotros, las criaturas humanas, somos un efecto de esa gran historia del aumento de la entropía, y nos une la memoria que esas huellas permiten. Cada uno de nosotros es unitario porque refleja el mundo, porque nos hemos formado una imagen de entidades unitarias interactuando con nuestros semejantes, y porque esa es una perspectiva del mundo unificada por la memoria (capítulo 12). De aquí nace lo que llamamos el «fluir» del tiempo; eso es lo que escuchamos cuando escuchamos el discurrir del tiempo.

La variable «tiempo» es una de las muchas que describen el mundo, y una de las variables del campo gravitatorio (capítulo 4). A nuestra escala no percibimos las fluctuaciones cuánticas (capítulo 5); en consecuencia, podemos concebirlo como determinado. Es el «molusco» einsteiniano: a nuestra escala, las sacudidas del molusco son mínimas y podemos ignorarlas; luego podemos concebirlo como una tabla rígida. Esa tabla tiene unas direcciones que llamamos espacio, y otra a lo largo de la cual la entropía aumenta, que llamamos tiempo. En nuestra vida cotidiana nos desplazamos a velocidades diminutas en relación con la velocidad de la luz, y, debido a ello, no percibimos las discrepancias entre los diferentes tiempos propios de distintos relojes, mientras que la diversidad de velocidades a las que discurre el tiempo a diferentes distancias de una masa son demasiado pequeñas para poder distinguirse.

Al final, pues, en lugar de muchos tiempos posibles, podemos hablar de un solo tiempo, el tiempo de nuestra experiencia: uniforme, universal y ordenado. Este es la aproximación de una aproximación de una aproximación de una descripción del mundo realizada desde la perspectiva concreta de esos seres que somos nosotros, nutridos del crecimiento de la entropía y anclados en el discurrir del tiempo. Nosotros, para quienes, como nos dice el Eclesiastés,[128] hay un tiempo para nacer y un tiempo para morir.

Eso es el tiempo para nosotros: un concepto estratificado, complejo, con múltiples propiedades distintas, derivadas de aproximaciones diversas.

Muchos análisis del concepto de tiempo se confunden solo porque no reconocen el aspecto complejo y estratificado de dicho concepto; cometen el error de no ver que sus diversos estratos son independientes.

Esta es la estructura física del tiempo tal como yo la entiendo, después de haber pasado una vida dando vueltas alrededor de ella.

En este relato, muchas piezas son sólidas; otras resultan plausibles; otros son meros postulados aleatorios para intentar comprender.

Prácticamente todo lo que se explica en la primera parte del libro está verificado por innumerables experimentos: la ralentización en función de la altitud y la velocidad, la inexistencia del presente, la relación entre tiempo y campo gravitatorio, el hecho de que las relaciones entre los diversos tiempos son dinámicas, que las ecuaciones elementales no conocen la dirección del tiempo, la relación entre entropía y dirección del tiempo, la relación entre entropía y desenfoque... Todo esto está más que constatado.[129]

Que el campo gravitatorio tiene propiedades cuánticas es una convicción ampliamente compartida, aunque hasta ahora sustentada únicamente en argumentos teóricos y no en evidencias experimentales.

La ausencia de la variable tiempo en las ecuaciones fundamentales, de la que hemos hablado en la segunda parte, resulta plausible; pero, en cambio, existe un acalorado debate en torno a la forma de dichas ecuaciones. El origen del tiempo en la no conmutatividad cuántica, el tiempo térmico y la posibilidad de que el incremento de la entropía que observamos dependa de nuestra interacción con el universo son todas ellas ideas que me fascinan, pero que no están en absoluto confirmadas.

Lo que resulta totalmente creíble, en cualquier caso, es el hecho general de que la estructura temporal del mundo es distinta de la imagen ingenua que tenemos de ella. Esa imagen ingenua se adecua a nuestra vida cotidiana, pero no es apta para comprender el mundo en sus más diminutos pliegues o en su inmensidad. Con toda probabilidad, ni siquiera es suficiente para comprender nuestra propia naturaleza, puesto que el misterio del tiempo se entrecruza con el misterio de nuestra identidad personal, con el misterio de la conciencia.

El misterio del tiempo nos inquieta desde siempre, suscita emociones profundas. Tan profundas como para nutrir filosofías y religiones.

Yo creo, como sugiere Hans Reichenbach en *El sentido del tiempo,* uno de los libros más lúcidos sobre la naturaleza del tiempo, que fue para huir de la inquietud que nos produce el tiempo por lo que Parménides quiso negar su realidad, Platón imaginó un mundo de ideas que vivían fuera del tiempo y Hegel habló del momento en que el Espíritu superaba la temporalidad y se identificaba con el todo; es para huir de esa inquietud por lo que hemos imaginado la existencia de la «eternidad», un extraño mundo fuera del tiempo que querríamos poblado de dioses, de un solo Dios o de almas inmortales.* Nuestra actitud profundamente emotiva hacia el tiempo ha contribuido a construir catedrales filosóficas más de cuanto hayan podido hacerlo la lógica y la razón. También la actitud emotiva opuesta, la adoración del tiempo, la de Heráclito o de Bergson, ha dado origen a otra filosofía, sin que tampoco ella nos haya acercado apenas a entender qué es el tiempo.

La física nos ayuda a profundizar en las diversas capas del misterio. Nos enseña que la estructura temporal del mundo es distinta de nuestra intuición. Nos da la esperanza de poder estudiar la naturaleza del tiempo liberándonos de la niebla causada por nuestras emociones.

* Hay algo extremadamente interesante en el hecho de que esta observación de Reichenbach, en el texto básico del análisis del tiempo en la filosofía analítica, suene tan próxima a las ideas de las que parte la reflexión de Heidegger, mientras que la divergencia posterior es enorme: Reichenbach busca en la física lo que sabemos del tiempo del mundo del que formamos parte, mientras que Heidegger se interesa en lo que es el tiempo para la experiencia existencial de los seres humanos. Las dos imágenes del tiempo que resultan de ello son arrolladoramente distintas. Pero ¿son necesariamente incompatibles? ¿Y por qué deberían serlo? De hecho, exploran dos problemas distintos: por un lado, las estructuras temporales efectivas del mundo, que se revelan cada vez más descarnadas a medida que ampliamos la mirada; por otro, el aspecto fundamental que tiene la estructura del tiempo *para nosotros,* para nuestro particular sentirnos («sernos») en el mundo.

Pero en esa búsqueda del tiempo, cada vez más alejado de nosotros, quizá hayamos terminado por descubrir algo de nosotros mismos, tal como le ocurriera a Copérnico, que, creyendo estudiar los movimientos de los Cielos, terminó por descubrir cómo se movía la Tierra bajo sus pies. Al final, tal vez, puede que la emoción del tiempo no sea esa pantalla de niebla que nos impide ver la naturaleza objetiva del tiempo.

Quizá la emoción del tiempo sea precisamente lo que el tiempo es para nosotros.

No creo que haya mucho más que entender. Podemos plantearnos más preguntas, pero debemos estar atentos a las preguntas que resulta imposible formular correctamente. Si hemos encontrado todas las características decibles del tiempo, hemos encontrado el tiempo. Podemos gesticular incoherentemente aludiendo a un sentido inmediato del tiempo más allá de lo decible («Sí, pero ¿por qué "pasa"?»); pero creo que en ese punto lo único que hacemos es confundirnos, transformar ilegítimamente términos aproximativos en cosas. Cuando no somos capaces de formular un problema con precisión, a menudo no es porque el problema sea profundo, sino porque es un falso problema.

¿Lograremos comprender el tiempo aún mejor? Pienso que sí: nuestra comprensión de la naturaleza ha aumentado de manera vertiginosa a lo largo de los siglos, y constantemente seguimos aprendiendo. Pero algo vislumbramos ya del misterio del tiempo. Podemos ver el mundo sin tiempo, ver con los ojos de la mente la estructura profunda del mundo donde el tiempo que conocemos ya no existe, como el loco de la colina de Paul McCartney ve girar la Tierra cuando contempla la puesta del Sol. Y empezamos a ver que el tiempo somos nosotros. Somos ese espacio, ese claro abierto por las huellas de la memoria en las conexiones de nuestras neuronas. Somos memoria. Somos nostalgia. Somos anhelo de un futuro que no vendrá. Ese espacio que de tal modo nos abre la memoria y la anticipación es el tiempo, que quizá a veces nos angustia, pero que al final es un don.

Un precioso milagro que el juego infinito de las combinaciones ha abierto para nosotros; permitiéndonos ser. Podemos sonreír. Podemos volver a sumergirnos serenamente en el tiempo, en nuestro tiempo que es finito; volver a saborear la diáfana intensidad de cada fugaz y precioso momento de este breve círculo.

## LA HERMANA DEL SUEÑO

> El curso breve de los días,
> ¡oh, Sestio!,
> nos prohíbe albergar
> largas esperanzas (I, 4).

En el tercer libro de la gran épica india, el *Mahābhārata,* un iaksa –un poderoso espíritu– le pregunta a Iudistira, el más anciano y sabio de los Pándava, cuál es el mayor de los misterios. La respuesta resuena a través de los milenios: «Cada día mueren innumerables personas, y, sin embargo, las que quedan viven como si fueran inmortales.»[130]

Yo no querría vivir como si fuera inmortal. No temo a la muerte. Temo al sufrimiento. A la vejez; aunque últimamente menos, al ver la hermosa y serena vejez de mi padre. Me da miedo la debilidad, la falta de amor. Pero la muerte no me asusta. No me asustaba de niño, pero entonces pensaba que quizá solo fuera porque me parecía lejana. Pero ahora, a mis sesenta años, sigue sin asustarme. Amo la vida, pero la vida también es fatiga, sufrimiento, dolor. Pienso en la muerte como en un merecido reposo. «Hermana del sueño», la llama Bach en la maravillosa *Cantata BWV 56.* Una hermana gentil que pronto vendrá a cerrarme los ojos y acariciarme la cabeza.

Job muere cuando está «colmado de días». Hermosísima expresión. También yo querría llegar a sentirme «colmado de días» y cerrar con una sonrisa este breve círculo que es la vida. Todavía puedo disfrutar de ella, bien cierto: de la luna reflejada en el mar; de los besos de la mujer que amo, de su presencia que da sentido a todo; de las tardes de los domingos de invierno, recostado en el sofá de casa llenando páginas de signos y fórmulas mientras sueño con arrancar otro pequeño secreto de los miles que todavía nos envuelven... Me complace la perspectiva de seguir gustando de este cáliz de oro; la vida que pulula, tierna y hostil, clara e incognoscible, inesperada..., pero ya he bebido mucho de ese cáliz dulce y amargo, y si justo en este momento llegara el ángel y me dijera: «Carlo, es la hora», no le pediría que me dejara terminar la frase. Le sonreiría y lo seguiría.

El miedo a la muerte me parece un error de la evolución. Muchos animales tienen una instintiva reacción de terror y huida si se acerca un depredador. Es una reacción sana, que les permite escapar de peligros. Pero es un terror que dura un instante, no algo que permanece. La misma selección nos ha engendrado a nosotros, esos simios pelados de lóbulos frontales hipertrofiados por su exagerada capacidad de prever el futuro. Una prerrogativa que ciertamente ayuda, pero que nos ha situado frente a la visión de la muerte inevitable; y esta despierta el instinto de terror y huida ante los depredadores. En suma, pienso que el miedo a la muerte es una interferencia accidental y estúpida entre dos presiones evolutivas independientes, un producto de conexiones automáticas erróneas en nuestro cerebro, y no algo que tenga utilidad o sentido para nosotros. Todo tiene una duración limitada. También la raza humana («La Tierra ha perdido su juventud, que ha pasado como un sueño feliz. Ahora cada día nos acerca más a la destrucción, a la aridez», comenta Viasa en el *Mahābhārata).*[131] Tener miedo del tránsito, tener miedo de la muerte, es como tener miedo de la realidad, como tenerlo del Sol: ¿por qué razón?

Esta es la lectura racional. Pero lo que nos motiva en la vida no son argumentos racionales. La razón sirve para aclararse las ideas, para detectar los errores. Pero la propia razón nos enseña que los motivos por los que actuamos están inscritos en nuestra estructura íntima de mamíferos, de cazadores, de seres sociales: la razón ilumina esas conexiones, no las engendra. No somos de entrada seres razonables. Quizá podamos llegar a serlo, más o menos, en segunda instancia; pero lo que nos guía en primera instancia es la sed de vivir, el hambre, la necesidad de amar, el instinto de encontrar nuestro sitio en una sociedad humana... Esa segunda instancia ni siquiera existe sin la primera. La razón arbitra entre instintos, pero utilizando los propios instintos como criterios primeros de arbitraje. Da nombre a las cosas y a nuestra sed, nos permite rodear obstáculos, ver cosas ocultas. Nos permite reconocer estrategias ineficaces, creencias erróneas, prejuicios, de los que, por cierto, tenemos una innumerable cantidad. Se ha desarrollado para ayudarnos a saber cuándo las huellas que seguimos, creyendo que nos llevan al antílope que queremos cazar, en realidad resultan ser las huellas equivocadas. Pero lo que nos guía no es la reflexión sobre la vida: es la vida.

¿Qué es, entonces, lo que nos guía realmente? Es difícil decirlo. Puede que no lo sepamos del todo. Reconocemos motivaciones en nosotros, y damos nombre a esas motivaciones. Tenemos muchas. Creemos que algunas de ellas las compartimos con numerosos animales; otras, solo con los seres humanos; otras más, solo con grupitos más pequeños a los que percibimos que pertenecemos. Hambre y sed; curiosidad; necesidad de compañía; deseo de amar; enamoramiento; búsqueda de la felicidad; necesidad de ganarnos una posición en el mundo; de ser apreciados, reconocidos y amados; fidelidad; honor; amor de Dios; sed de justicia; libertad; deseo de conocimiento...

¿De dónde viene todo esto? Del modo como estamos hechos, de lo que somos. Es el producto de una larga selección, de estructuras químicas, biológicas, sociales y culturales que en diversos niveles han interactuado durante largo tiempo dando origen a ese gracioso proceso que somos nosotros, y del que, en nuestra reflexión sobre nosotros mismos, en nuestro contemplarnos en el espejo, solo captamos una parte. Somos más complejos de lo que nuestras facultades mentales son capaces de comprender. La hipertrofia de los lóbulos frontales es importante: nos ha permitido llegar a la Luna, descubrir los agujeros negros y reconocernos como parientes de los insectos; pero todavía resulta insuficiente para aclararnos con respecto a nosotros mismos.

Ni siquiera está claro qué significa exactamente «comprender». Vemos el mundo y lo describimos, le damos un orden. Pero sabemos poco de la relación completa entre lo que vemos del mundo y el mundo. Sabemos que nuestra mirada es miope. Del vasto espectro electromagnético que emiten las cosas no vemos más que una pequeña franja. No vemos la estructura atómica de la materia, ni la curvatura del espacio. Vemos un mundo coherente que deducimos de nuestra interacción con el universo, organizado en términos que nuestro desoladamente estúpido cerebro sea capaz de manipular. Concebimos el mundo en términos de piedras, montañas, nubes y personas, y ese es el «mundo para nosotros». Sobre el mundo independiente de nosotros sabemos mucho, sin saber cuánto es exactamente ese mucho.

Pero nuestro pensamiento no es solo presa de su debilidad; todavía lo es más de su propia gramática. Bastan unos siglos para que el mundo cambie: de diablos, ángeles y brujas pasa a estar poblado de átomos y ondas electromagnéticas. Bastan unos gramos de hongos para que toda la realidad se diluya ante nuestros ojos y se reorganice de una forma sorprendentemente distinta. Basta tener una amiga que haya sufrido un episodio esquizoide serio y haber pasado algunas semanas tratando a duras penas de comunicarse con ella para darse cuenta de que el delirio es un vasto atrezo de teatro, capaz de reorganizar el mundo, y que resulta difícil encontrar argumentos para diferenciarlo de los grandes delirios colectivos que constituyen el fundamento de nuestra vida social y espiritual y de nuestra comprensión del mundo. Aparte, quizá, de la soledad y la fragilidad de quien se aleja del orden común...[132] La visión de la realidad es el delirio colectivo que hemos organizado, se ha desarrollado y ha resultado lo bastante eficaz para llevarnos al menos hasta aquí. Los instrumentos que hemos encontrado para gestionarlo y cuidarlo han sido muchos, y la razón se ha revelado uno de los mejores: es un instrumento precioso.

Pero no deja de ser un instrumento, unas pinzas, que utilizamos para meter las manos en una materia hecha de fuego y de hielo: de algo que percibimos como emociones vivas y ardientes. Estas constituyen la sustancia de nosotros mismos. Nos llevan, nos arrastran, las cubrimos de hermosas palabras. Nos hacen actuar. Y algo de ellas escapa siempre al orden de nuestros discursos, porque sabemos que, en el fondo, todo intento de poner orden deja siempre algo fuera.

Y a mí me parece que la vida, esta breve vida, no es más que eso: el grito continuo de esas emociones, que nos arrastra, que a veces tratamos de encerrar en un nombre de Dios, en una fe política, en un rito que nos tranquilice asegurándonos que al final todo está en orden, en un gran, grandísimo amor; y es un grito hermoso y resplandeciente. A veces es un dolor. A veces es un canto.

Y el canto, como observara Agustín, es la conciencia del tiempo. Es el tiempo. Es el himno de los Vedas que constituye en sí mismo el despuntar del tiempo.[133] En el «Benedictus» de la *Missa solemnis* de Beethoven, el canto del violín es pura belleza, pura desesperación, pura felicidad. Nos quedamos suspendidos conteniendo el aliento, sintiendo misteriosamente que esa es la fuente del sentido; que esa es la fuente del tiempo.

Luego el canto se atenúa, se apaga. «Se rompe el cordón de plata, se quiebra el candil de oro, se estrella el cántaro contra la fuente, la polea cae en el pozo, retorna el polvo a la tierra.»[134] Y está bien que así sea. Podemos cerrar los ojos, descansar. Y todo eso me parece dulce y hermoso. Tal es el tiempo.

# NOTAS

1. Aristóteles, *Metafísica*, I, 2, 982 *b*.

2. La estratificación del concepto de tiempo se analiza a fondo, por ejemplo, en J. T. Fraser, *Of Time, Passion, and Knowledge*, Braziller, Nueva York, 1975.

3. El filósofo Mauro Dorato ha insistido en la necesidad de hacer el panorama conceptual elemental de la física explícitamente coherente con nuestra experiencia *(Che cos'è il tempo?,* Carocci, Roma, 2013).

4. Esta es la esencia de la teoría de la relatividad general (A. Einstein, «Die Grundlage der allgemeinen Relativitäts-theorie», *Annalen der Physik*, 49, 1916, pp. 769-822).

5. En la aproximación de campo débil, la métrica se puede formular como $ds^2 = (1 + 2\phi(x))\, dt^2 - dx^2$, donde $\phi(x)$ es el potencial de Newton. La gravedad newtoniana se sigue de la sola modificación del componente temporal de la métrica, $g_{00}$, es decir, de la ralentización local del tiempo. Las geodésicas de esta métrica describen la caída de los cuerpos: se curvan hacia el potencial más bajo, donde el tiempo se ralentiza. (Esta nota, y otras similares, van dirigidas al lector familiarizado con la física teórica.)

6. «But the fool on the hill / sees the sun going down, / and the eyes in his head / see the world spinning 'round...»

7. C. Rovelli, *Che cos'è la scienza. La rivoluzione di Anassimandro*, Mondadori, Milán, 2011.

8. Por ejemplo: $t_{mesa} - t_{suelo} = 2gh/c^2 t_{suelo}$, donde $c$ es la velocidad de la luz, $g = 9{,}8\ m/s^2$ es la aceleración de Galileo, y $h$ es la altura de la mesa.

9. Se pueden formular también con un sola variable $t$, la «coordenada temporal», pero esta no indica el tiempo medido por un reloj (determinado por $ds$, no por $dt$), y se puede cambiar arbitrariamente sin

cambiar el mundo descrito. Esta $t$ no representa una cantidad física. Lo que miden los relojes es el tiempo propio a lo largo de una línea de universo $\gamma$, dado por $t_\gamma = \int_\gamma (g_{ab}(x)dx^a dx^b)^{1/2}$. La relación física entre esta magnitud y $g_{ab}(x)$ se analiza más adelante.

10. R. M. Rilke, *Duineser Elegien*, en *Sämtliche Werke*, Insel, Frankfurt, vol. I, 1955, I, vv. 83-85 [en español hay varias ediciones].

11. La Revolución Francesa constituye un extraordinario momento de vitalidad científica, en el que surgen los fundamentos de la química, la biología, la mecánica analítica y muchas otras cosas. La revolución social ha ido de la mano de la revolución científica. El primer alcalde revolucionario de París era un astrónomo; Lazare Carnot era matemático; Marat se consideraba ante todo un físico. Lavoisier participó activamente en política. Lagrange fue honrado por los más diversos gobiernos que se sucedieron en un tormentoso y espléndido momento de la humanidad. Véase S. Jones, *Revolutionary Science: Transformation and Turmoil in the Age of the Guillotine*, Pegasus, Nueva York, 2017.

12. Aun cambiando lo que se considere oportuno: por ejemplo, el signo del campo magnético en las ecuaciones de Maxwell, la carga y paridad de las partículas elementales, etcétera. Lo relevante aquí es la invariancia o simetría CPT (conjugación de carga, inversión de paridad e inversión temporal).

13. Las ecuaciones de Newton determinan cómo se *aceleran* las cosas, y esa aceleración no cambia si proyecto una película hacia atrás. La aceleración de una piedra lanzada hacia arriba es la misma que la de una piedra que cae. Si imagino los años corriendo hacia atrás, la Luna girará alrededor de la Tierra en sentido inverso, pero seguirá siendo igualmente atraída por la Tierra.

14. La conclusión no cambia añadiendo la gravedad cuántica. Sobre los intentos de buscar el origen de la dirección del tiempo, véase, por ejemplo, H. D. Zeh, *Die Physik der Zeitrichtung*, Springer, Berlín, 1984.

15. R. Clausius, «Über verschiedene für die Anwendung bequeme Formen der Hauptgleichungen der mechanischen Wärmetheorie», *Annalen der Physik*, 125, 1865, pp. 353-400, cita en p. 390.

16. En particular como la cantidad de calor que sale de un cuerpo *dividida por la temperatura*. Cuando el calor pasa de un cuerpo caliente a uno frío, la entropía total aumenta porque la diferencia de temperatura hace que la entropía debida al calor que sale sea menor que la debida al calor que entra. Cuando todos los cuerpos alcanzan la misma temperatura, la entropía ha alcanzado su punto máximo: hemos llegado al equilibrio.

17. Arnold Sommerfeld.

18. Hans Christian Ørsted.

19. La definición de entropía requiere lo que se conoce como *coarse graining*, es decir, la diferenciación entre microestados y macroestados. La entropía de un macroestado viene determinada por el número de sus correspondientes microestados. En termodinámica clásica, el *coarse graining* se define en el momento en que se decide tratar algunas variables del sistema como «manipulables» o «mensurables» desde fuera (por ejemplo, el volumen o la presión de un gas). Un macroestado se determina fijando *estas* variables macroscópicas.

20. Esto es, de manera determinista si se prescinde de la mecánica cuántica, y de manera probabilística si, en cambio, tomamos en consideración esta última. En ambos casos, del mismo modo para el futuro que para el pasado.

21. En el capítulo 11 analizaremos este punto con mayor detalle.

22. $S = k \log W$. $S$ es la entropía, $W$ el número de estados microscópicos, o el correspondiente volumen en el espacio de fases, y $k$ es solo una constante, conocida hoy como constante de Boltzmann, que ajusta las dimensiones (arbitrarias).

23. Relatividad general (A. Einstein, «Die Grundlage der allgemeinen Relativitätstheorie», *op. cit.).*

24. Relatividad especial o restringida (A. Einstein, «Zur Elektrodynamik bewegter Körper», *Annalen der Physik*, 17, 1905, pp. 891-921).

25. J. C. Hafele y R. E. Keating, «Around-the-World Atomic Clocks: Observed Relativistic Time Gains», *Science*, 177, 1972, pp. 168-170.

26. Que depende tanto de $t$ como de tu velocidad y posición.

27. Poincaré. Lorentz había tratado de dar una interpretación física a $t'$, pero de un modo bastante intrincado.

28. Einstein solía afirmar que los experimentos de Michelson y Morrison no habían sido importantes en su camino hacia la relatividad especial. Creo que eso es cierto, y que refleja un aspecto importante de la filosofía de la ciencia: para avanzar en la comprensión del mundo no siempre se necesitan *nuevos* datos experimentales. Copérnico no disponía de más datos de observación que Ptolomeo, pero supo leer el heliocentrismo en los detalles de los datos de este, interpretándolos mejor; y lo mismo hizo Einstein con Maxwell.

29. ¿«En movimiento» con respecto a qué? ¿Cómo se hace para determinar entre dos objetos cuál de ellos se mueve, si el movimiento es solo relativo? Esta es una cuestión que confunde a muchos. La respuesta correcta (que raras veces se plantea) es: en movimiento con respecto a la

*única* referencia en la que el punto espacial donde los dos relojes se separan es el mismo punto espacial donde se vuelven a encontrar. Hay una sola línea recta entre dos eventos A y B en el espacio-tiempo. Es aquella a lo largo de la cual el tiempo es máximo, y la velocidad *con respecto a esa línea* es la que ralentiza el tiempo, en el sentido siguiente: si los dos relojes se separan y no se vuelven a encontrar, no tiene sentido preguntarse cuál adelanta y cuál atrasa; pero si vuelven a encontrarse se pueden confrontar, y la velocidad de cada uno de ellos pasa a ser una noción bien definida.

30. Si veo por el telescopio a mi hermana celebrando su 20.º cumpleaños y le envío un mensaje por radio que le llegará en el 28.º, puedo decir que *ahora* es su 24.º cumpleaños: a mitad de camino entre el momento en que la luz parte de allí (20) y el momento en que le llega de vuelta (28). Hermosa idea (no es mía: es la definición de «simultaneidad» de Einstein); pero no define un tiempo común. Si Próxima b se está alejando, y mi hermana emplea la misma lógica para calcular el momento simultáneo a su 24.º cumpleaños, *no* obtiene el momento presente aquí. En otras palabras, con este modo de definir la simultaneidad, si para mí un momento A de su vida es simultáneo a un momento B de la mía, lo contrario no es cierto: para ella A y B no son simultáneos. Nuestras diferentes velocidades definen distintas superficies de simultaneidad. Ni siquiera así, pues, se obtiene una noción común de «presente».

31. El conjunto de los eventos que están a distancia de tipo espacio de aquí.

32. Uno de los primeros que se dieron cuenta de ello fue Kurt Gödel («An Example of a New Type of Cosmological Solutions of Einstein's Field Equations of Gravitation», *Reviews of Modern Physics*, 21, 1949, pp. 447-450). Por utilizar sus propias palabras: «La noción de "ahora" no es a lo sumo más que una relación de un observador con el resto del universo.»

33. Transitiva.

34. Incluso la existencia de una relación de orden parcial podría ser una estructura demasiado fuerte con respecto a la realidad si existen curvas temporales cerradas. En este sentido, véase, por ejemplo, M. Lachièze-Rey, *Voyager dans le temps. La physique moderne et la temporalité*, Éditions du Seuil, París, 2013.

35. El hecho de que no hay nada lógicamente imposible en los viajes al pasado se muestra con claridad en un simpático artículo de uno de los grandes filósofos del siglo pasado: David Lewis («The Paradoxes of

Time Travel», *American Philosophical Quarterly*, 13, 1976, pp. 145-152; reed. en R. Le Poidevin y M. MacBeath (eds.), *The Philosophy of Time*, Oxford University Press, Oxford, 1993.

36. Esta es la representación de la estructura causal de una métrica de Schwarzschild en coordenadas de Finkelstein.

37. Entre las voces que disienten figuran dos grandes científicos por los que siento una especial amistad, afecto y estima: Lee Smolin *(Time Reborn*, Houghton Mifflin Harcourt, Boston, 2013) y George Ellis («On the Flow of Time», FQXi Essays, 2008, https://arxiv.org/abs/0812.0240; «The Evolving Block Universe and the Meshing Together of Times», *Annals of the New York Academy of Sciences*, 1326, 2014, pp. 26-41; *How Can Physics Underlie the Mind?*, Springer, Berlín, 2016). Ambos insisten en que deben de existir un tiempo privilegiado y un presente real, aunque la física actual todavía no haya sido capaz de captarlos. La ciencia es como los afectos: las personas más queridas son aquellas con las que discutimos más vivamente. Puede verse una elocuente defensa del aspecto fundamental de la realidad del tiempo en R. M. Unger y L. Smolin, *The Singular Universe and the Reality of Time* (Cambridge University Press, Cambridge, 2015). Otro querido amigo que defiende la idea del fluir real de un tiempo único es Samy Maroun; con él he explorado la posibilidad de reescribir la física relativista diferenciando el tiempo que guía el ritmo de los procesos (tiempo «metabólico») de un tiempo universal «real» (S. Maroun y C. Rovelli, «Universal Time and Spacetime "Metabolism"», 2015, http://smc-quantum-physics.com/pdf/version3English.pdf). Tal cosa es posible, y, en consecuencia, el punto de vista de Smolin, Ellis y Maroun resulta defendible. Pero ¿es fértil? La alternativa se da entre forzar la descripción del mundo para que se adapte a nuestras intuiciones o aprender a conformar nuestras intuiciones a lo que hemos descubierto del mundo. Tengo pocas dudas sobre el hecho de que la segunda estrategia es la más fértil.

38. R. A. Sewell *et al.*, «Acute Effects of THC on Time Perception in Frequent and Infrequent Cannabis Users», *Psychopharmacology*, 226, 2013, pp. 401-413; la experiencia directa es asombrosa.

39. V. Arstila, «Time Slows Down during Accidents», *Frontiers in Psychology*, 3, 196, 2012.

40. En nuestras culturas. Pero hay otras con un sentido del tiempo profundamente distinto del nuestro: D. L. Everett, *Don't Sleep, There Are Snakes*, Pantheon, Nueva York, 2008.

41. Mateo 20, 1-16.

42. P. Galison, *Einstein's Clocks, Poincaré's Maps*, Norton, Nueva York, 2003, p. 126 [trad. esp.: *Relojes de Einstein y mapas de Poincaré: los imperios del tiempo*, Crítica, Barcelona, 2005].

43. Puede verse una hermosa panorámica histórica sobre el modo en que la tecnología ha modificado progresivamente nuestro concepto de tiempo en A. Frank, *About Time*, Free Press, Nueva York, 2011.

44. D. A. Golombek, I. L. Bussi y P. V. Agostino, «Minutes, days and years: molecular interactions among different scales of biological timing», *Philosophical Transactions of the Royal Society. Series B: Biological Sciences*, 369, 2014.

45. El tiempo es ἀριθμός κινήσεως κατὰ τὸ πρότερον καὶ ὕστερον: «número del cambio con respecto al antes y el después» (Aristóteles, *Física*, IV, 219 b 2; véase también 232 b 22-23).

46. Aristóteles, *Física*, IV, 219 a 4-6.

47. I. Newton, *Philosophiae naturalis principia mathematica*, libro I, def. VIII, escolio.

48. *Op. cit.*

49. Puede verse una introducción a la filosofía del espacio y el tiempo en B. C. van Fraassen, *An Introduction to the Philosophy of Time and Space*, Random House, Nueva York, 1970 [trad. esp.: *Introducción a la filosofía del tiempo y del espacio*, Labor, Barcelona, 1978].

50. La ecuación fundamental de Newton es $F = m\, d^2x/dt^2$ (nótese que el tiempo $t$ está elevado al cuadrado: de ahí que la ecuación no distinga entre $t$ y $-t$, es decir, que es la misma hacia delante o hacia atrás en el tiempo, como veíamos en el capítulo 2).

51. Hoy, curiosamente, muchos manuales de historia de la ciencia presentan el debate entre Leibniz y los newtonianos como si el primero fuera el heterodoxo con audaces e innovadoras ideas relacionalistas. En realidad es todo lo contrario: Leibniz defendía (con una nueva y rica variedad de argumentos) la comprensión tradicional dominante del espacio, que desde Aristóteles hasta Descartes había sido siempre relacionalista.

52. La definición de Aristóteles es más precisa: el lugar de una cosa es el *borde interior* de lo que la circunda; una bella y rigurosa definición.

53. Hablo de ello con mayor profundidad en *La realità non è come ci appare* (Cortina, Milán, 2014) [trad. esp.: *La realidad no es lo que parece*, Tusquets, Barcelona, 2015].

54. No es posible localizar un grado de libertad en una región de su espacio de fases con un volumen menor que la constante de Planck.

55. Velocidad de la luz, constante de Newton y constante de Planck.

56. Maimónides, *Guía de los perplejos*, I, 73, 106 a.

57. Podemos tratar de inferir el pensamiento de Demócrito de la exposición que de él hace Aristóteles (por ejemplo, en la *Física*, IV, 213 ss.), pero la evidencia me parece insuficiente. Véase *Democrito. Racolta dei frammenti, interpretazione e commentario di Salomon Luria*, Bompiani, Milán, 2007.

58. A menos que sea cierta la teoría de De Broglie-Bohm, en cuyo caso sí la tiene, pero la oculta, lo que quizá no resulte tan distinto.

59. Grateful Dead, «Walk in the Sunshine».

60. N. Goodman, *The Structure of Appearance*, Harvard University Press, Cambridge, 1951.

61. Sobre las posturas disidentes, véase la nota 37.

62. En la terminología de un famoso artículo sobre el tiempo de John McTaggart («The Unreality of Time», *Mind*, N. S., 17, 1908, pp. 457-474; reed. en *The Philosophy of Time, op. cit.)*, esto equivale a negar la realidad de la «A-serie» (la organización del tiempo en «pasado-presente-futuro»). El significado de las determinaciones temporales se reduciría entonces tan solo a la «B-serie» (la organización del tiempo en «antes-después»), lo que implica negar la realidad del tiempo. A mi entender, McTaggart se muestra demasiado rígido: el hecho de que mi automóvil funcione de manera distinta a como había imaginado y de como lo había definido en mi mente no implica que mi automóvil no sea real.

63. Carta de A. Einstein al hijo y a la hermana de Michele Besso, 21 de marzo de 1955, en A. Einstein y M. Besso, *Correspondance, 1903-1955*, Hermann, París, 1972 [trad. esp.: Albert Einstein, *Correspondencia con Michele Besso* (1903-1955), Tusquets, Barcelona, 1994].

64. El argumento clásico en favor del universo de bloque lo proporciona el filósofo Hilary Putnam en un famoso artículo de 1967 («Time and Physical Geometry», *The Journal of Philosophy*, 64, pp. 240-247). Putnam utiliza la definición de simultaneidad de Einstein. Como hemos visto en la nota 30, si la Tierra y Próxima b se acercan, un acontecimiento A en la Tierra es simultáneo (para un terrestre) a un acontecimiento B en Próxima, el cual a su vez es simultáneo (para quien está en Próxima) a un acontecimiento C en la Tierra, *que está en el futuro de* A. Putnam presupone que «ser simultáneo» implica «ser real ahora», y deduce que los acontecimientos futuros (como C) son reales ahora. El error está en dar por supuesto que la definición de simultaneidad de Einstein tiene valor ontológico, cuando en realidad es solo una definición de conveniencia: sirve para identificar una noción relativista que se reduzca a la no relativista en una aproximación. Pero la simultaneidad no relativista

es una noción reflexiva y transitiva, mientras que la de Einstein no; por lo tanto, no tiene sentido suponer que las dos tienen el mismo significado ontológico más allá de la aproximación no relativista.

65. El argumento según el cual el descubrimiento físico de la imposibilidad del presentismo implica que el tiempo es ilusorio lo desarrolla Gödel («A Remark about the Relationship between Relativity Theory and Idealistic Philosophy», en P. A. Schilpp (ed.), *Albert Einstein: Philosopher-Scientist*, The Library of Living Philosophers, Evanston, 1949). El error está siempre en definir el tiempo como un bloque conceptual único, que o existe en toda su integridad o no existe en absoluto. Mauro Dorato analiza de manera clarificadora este punto *(Che cos'è il tempo?, op. cit.*, p. 77).

66. Véase, por ejemplo, W. V. O. Quine, «On What There Is», *The Review of Metaphysics*, 2, 1948, pp. 21-38, así como el hermoso análisis sobre el significado de realidad en J. L. Austin, *Sense and Sensibilia*, Clarendon Press, Oxford, 1962 [trad. esp.: *Sentido y percepción*, Tecnos, Madrid, 1981].

67. *De Hebd.*, II, 24, cit. en C. H. Kahn, *Anaximander and the Origins of Greek Cosmology*, Columbia University Press, Nueva York, 1960, pp. 84-85.

68. Ejemplos de argumentos importantes en torno a los cuales Einstein sostuvo firmemente tesis sobre las que más tarde cambió de opinión: 1) la expansión del universo (ridiculizada primero, y aceptada después); 2) la existencia de las ondas gravitatorias (primero considerada evidente, luego negada, y más tarde nuevamente aceptada); 3) las ecuaciones de la relatividad no admiten soluciones sin materia (tesis defendida durante largo tiempo, y luego abandonada; de hecho es errónea); 4) no existe nada más allá del horizonte de Schwarzschild (equivocada, pero probablemente no llegó a saberlo nunca); 5) las ecuaciones del campo gravitatorio no pueden ser general-covariantes (argumento sostenido en el trabajo con Grossmann de 1912; tres años después, Einstein sostendrá lo contrario); 6) la importancia de la constante cosmológica (primero afirmada, y luego negada; tenía razón al principio); etc.

69. La forma general de una teoría mecánica que describe la evolución de un sistema *en el tiempo* viene dada por un espacio de fases y una función $H$ hamiltoniana. La evolución se describe por las órbitas generadas por $H$, parametrizadas por el tiempo $t$. En cambio, la forma general de una teoría mecánica que describe la evolución de las variables *unas con respecto a otras* viene dada por un espacio de fases y un vínculo $C$. Las relaciones entre las variables vienen dadas por las órbitas generadas por $C$

en el subespacio $C = 0$. La parametrización de dichas órbitas no tiene un significado físico. Puede verse un análisis más detallado en el capítulo 3 de mi libro *Quantum Gravity*, Cambridge University Press, Cambridge, 2004; y una versión técnica compacta en mi artículo «Forget Time», *Foundations of Physics*, 41, 2011, pp. 1475-1490 (https://arxiv.org/abs/0903.3832).

70. Puede verse una ilustración divulgativa de las ecuaciones de la gravedad cuántica de bucles en mi libro *La realidad no es lo que parece*, *op. cit.*

71. B. S. DeWitt, «Quantum Theory of Gravity. I. The Canonical Theory», *Physical Review*, 160, 1967, pp. 1113-1148.

72. J. A. Wheeler, «Hermann Weyl and the Unity of Knowledge», *American Scientist*, 74, 1986, pp. 366-375.

73. J. Butterfield y C. J. Isham, «On the Emergence of Time in Quantum Gravity», en J. Butterfield (ed.), *The Arguments of Time*, Oxford University Press, Oxford, 1999, pp. 111-168 (http://philsci-archive.pitt.edu/1914/1/EmergTimeQG=9901024.pdf). H.-D. Zeh, «Die Physik der Zeitrichtung», cit. en C. Callender y N. Huggett (eds.), *Physics Meets Philosophy at the Planck Scale*, Cambridge University Press, Cambridge, 2001. S. Carroll, *From Eternity to Here*, Dutton, Nueva York, 2010 [trad. esp.: *Desde la eternidad hasta hoy*, Debate, Barcelona, 2015].

74. La forma general de una teoría cuántica que describe la evolución de un sistema *en el tiempo* viene dada por un espacio de Hilbert y un operador $H$ hamiltoniano. La evolución se describe mediante la ecuación de Schrödinger $i\hbar\partial_t\psi = H\psi$. La probabilidad de medir un estado $\psi$ un tiempo $t$ después de un estado $\psi'$ viene determinada por la amplitud $\langle \psi \mid \exp[-iHt/\hbar] \mid \psi' \rangle$. La forma general de una teoría cuántica que describe la evolución de las variables *unas con respecto a otras* viene dada por un espacio de Hilbert y una ecuación de Wheeler-DeWitt $C\psi = 0$. La probabilidad de medir un estado $\psi$ habiendo medido uno $\psi'$ viene determinada por la amplitud $\langle \psi \mid \int dt \exp[iCt/\hbar] \mid \psi' \rangle$. Puede verse un análisis técnico detallado en mi libro *Quantum Gravity*, *op. cit.*, y una versión técnica compacta en *Forget Time*, *op. cit.*

75. B. S. De Witt, *Sopra un raggio di luce*, Di Renzo, Roma, 2005.

76. Son tres: definen el espacio de Hilbert de la teoría donde se definen los operadores elementales, cuyos autoestados describen los cuantos de espacio y las probabilidades de transición entre ellos.

77. El espín es la magnitud que enumera las representaciones del grupo SO(3), el grupo de simetría del espacio.

78. Estos argumentos se tratan en detalle en mi libro *La realidad no es lo que parece*, *op. cit.*

79. Cf. Eclesiastés 3, 2-4.

80. Más exactamente, la función $H$ hamiltoniana, es decir, la energía como función de las posiciones y velocidades.

81. $dA/dt = \{A,H\}$, donde $\{,\}$ son los paréntesis de Poisson, y $A$ es cualquier variable.

82. Ergódico.

83. Las ecuaciones resultan más legibles en el formalismo canónico de Boltzmann que en el microcanónico al que hago referencia en el texto: el estado $\rho = \exp[-H/kT]$ viene determinado por la función $H$ hamiltoniana que genera la evolución en el tiempo.

84. $H = -kT \log[\rho]$ determina un hamiltoniano (a falta de una constante multiplicativa), y, a través de él, un tiempo «térmico», a partir del estado $\rho$.

85. R. Penrose, *The Emperor's New Mind*, Oxford University Press, Oxford, 1989 [trad. esp.: *La nueva mente del emperador*, DeBolsillo, Barcelona, 2015]; *The Road to Reality*, Cape, Londres, 2004 [trad. esp.: *El camino a la realidad*, Debate, Barcelona, 2015].

86. En el lenguaje convencional de los libros de mecánica cuántica se habla de «medición». Una vez más: lo que induce a confusión en este lenguaje es que habla de laboratorios de física en lugar de hablar del mundo.

87. El teorema de Tomita-Takesaki revela que un estado en un álgebra de Von Neumann define un flujo (una familia uniparamétrica de automorfismos modulares). Connes mostró que los flujos definidos por estados diversos son equivalentes salvo por sus automorfismos internos, y, por lo tanto, definen un flujo abstracto determinado *solo* por la estructura no conmutativa del álgebra.

88. Los automorfismos internos del álgebra mencionados en la nota anterior.

89. En un álgebra de Von Neumann, el tiempo térmico de un estado es exactamente el flujo de Tomita. El estado es KMS con respecto a dicho flujo.

90. Véase C. Rovelli, «Statistical Mechanics of Gravity and the Thermodynamical Origin of Time», *Classical and Quantum Gravity*, 10, 1993, pp. 1549-1566; A. Connes y C. Rovelli, «Von Neumann Algebra Automorphisms and Time-Thermodynamics Relation in General Covariant Quantum Theories», *Classical and Quantum Gravity*, 11, 1994, pp. 2899-2918.

91. A. Connes, D. Chéreau y J. Dixmier, *Le Théâtre quantique*, Odile Jacob, París, 2013.

92. Hay muchos aspectos confusos en esta cuestión. Puede verse una excelente y concisa crítica en J. Earman, «The "Past Hypothesis": Not Even False», *Studies in History and Philosophy of Modern Physics*, 37, 2006, pp. 399-430. En el texto, la expresión «baja entropía inicial» debe entenderse en el sentido más genérico, que, como argumenta Earman en el mencionado artículo, estamos muy lejos de comprender del todo.

93. F. Nietzsche, *La gaia scienza*, en *Opere*, vol. V/II, Adelphi, Milán, 1965, 2.ª ed. revisada, 1991, 354, p. 258 [en español hay varias ediciones, con los títulos alternativos de *La gaya ciencia* o bien *El gay saber*].

94. Puede verse los detalles técnicos en C. Rovelli, «Is Time's Arrow Perspectival?» (2015), en K. Chamcham, J. Silk, J. D. Barrow y S. Saunders (eds.), *The Philosophy of Cosmology*, Cambridge University Press, Cambridge, 2017 (https://arxiv.org/abs/1505.01125).

95. En la formulación clásica de la termodinámica, describimos un sistema especificando en primer lugar algunas variables sobre las que presuponemos que es posible actuar desde fuera (moviendo un pistón, por ejemplo) o que presuponemos que se pueden medir (por ejemplo, una concentración relativa de componentes). Estas son las «variables termodinámicas». La termodinámica no es una auténtica descripción del sistema, sino una descripción del comportamiento de *esas* variables del sistema, aquellas a través de las cuales suponemos que podemos interactuar con este.

96. Por ejemplo, la entropía del aire de esta habitación tiene un valor si trato el aire como un gas homogéneo, pero cambia (disminuye) si mido su composición química.

97. Un enfoque filosófico contemporáneo que pone intensamente de relieve estos aspectos perspectivos del mundo es el de Jenann T. Ismael en *The Situated Self* (Oxford University Press, Nueva York, 2007). Ismael también ha escrito un excelente libro sobre el libre albedrío: *How Physics Makes Us Free* (Oxford University Press, Nueva York, 2016).

98. David Z. Albert *(Time and Chance*, Harvard University Press, Cambridge, 2000) propone elevar este hecho a ley natural, y la denomina *past hypothesis*.

99. Esta es otra fuente habitual de confusión, ya que una nube condensada parece más «ordenada» que una nube dispersa. No lo es, porque las velocidades de las moléculas de una nube dispersa son todas ellas ordenadamente pequeñas, mientras que, cuando la nube se concentra debido a la gravedad, las velocidades de sus moléculas son grandes. La

nube se concentra en el espacio físico, pero se dispersa en el espacio de fases, que es el que cuenta.

100. Véase especialmente S. A. Kauffman, *Humanity in a Creative Universe*, Oxford University Press, Nueva York, 2016.

101. La importancia de la existencia de esta estructura ramificada de interacciones en el universo para comprender el efecto local del incremento de la entropía en el universo ha sido analizada, por ejemplo, por Hans Reichenbach (*The Direction of Time*, University of California Press, Berkeley, 1956). El texto de Reichenbach es esencial para cualquiera que tenga dudas sobre estos argumentos o desee profundizar en ellos.

102. Sobre la relación exacta entre huellas y entropía, véase H. Reichenbach, *The Direction of Time, op. cit.*, especialmente su análisis sobre la relación entre entropía, huellas y *common cause;* y D. Z. Albert, *Time and Chance, op. cit.* Otro enfoque reciente es el de D. H. Wolpert, «Memory Systems, Computation, and the Second Law of Thermodynamics», *International Journal of Theoretical Physics*, 31, 1992, pp. 743-785.

103. Sobre la difícil cuestión de qué significa «causa» para nosotros, véase N. Cartwright, *Hunting Causes and Using Them*, Cambridge University Press, Cambridge, 2007.

104. *Common cause*, en la terminología de Reichenbach.

105. B. Russell, «On the Notion of Cause», *Proceedings of the Aristotelian Society*, N. S., 13, 1912-1913, pp. 1-26, cita en p. 1.

106. N. Cartwright, *Hunting Causes and Using Them, op. cit.*

107. Puede verse un lúcido análisis sobre la cuestión de la dirección del tiempo en H. Price, *Time's Arrow & Archimedes' Point*, Oxford University Press, Oxford, 1996.

108. *Milinda-pañja*, II, 1, en *Sacred Books of the East*, vol. XXXV, 1890 [trad. esp.: *Las preguntas de Milinda: Milinda-pañha*, Biblioteca Nueva, Madrid, 2002].

109. C. Rovelli, «Meaning = Information + Evolution», 2016 (https://arxiv.org/abs/1611.02420).

110. G. Tononi, O. Sporns y G. M. Edelman, «A measure for brain complexity: Relating functional segregation and integration en the nervous system», *Proc. Natl. Acad. Sci. USA*, 91, 1994, pp. 5033-5037.

111. J. Hohwy, *The Predictive Mind*, Oxford University Press, Oxford, 2013.

112. Véase, por ejemplo, V. Mante, D. Sussillo, K. V. Shenoy y W. T. Newsome, «Context-dependent computation by recurrent dynamics in prefrontal cortex», *Nature*, 503, 2013, pp. 78-84, y la bibliografía citada en el artículo.

113. D. Buonomano, *Your Brain is a Time Machine: The Neuroscience and Physics of Time*, Norton, Nueva York, 2017.

114. *La condemnation parisienne de 1277*, ed. D. Piché, Vrin, París, 1999.

115. E. Husserl, *Vorlesungen zur Phänomenologie des inneren Zeitbewusstseins,* Niemeyer, Halle, 1928 [trad. esp.: *Fenomenología de la conciencia inmanente del tiempo*, Prometeo, Buenos Aires, 2014].

116. En el texto citado, Husserl insiste en que no se trata de un «fenómeno físico». Para un naturalista esto suena a una cuestión de principios: no *quiere* ver la memoria como un fenómeno físico porque ha *decidido* utilizar la experiencia fenomenológica como punto de partida de su análisis. El estudio de la dinámica de las neuronas de nuestro cerebro nos muestra, en cambio, que el fenómeno sí se realiza en términos físicos: el presente del estado físico de mi cerebro «retiene» su estado pretérito, cada vez más difuso a medida que se aleja más en el pasado. Véase, por ejemplo, M. Jazayeri y M. N. Shadlen, «A Neural Mechanism for Sensing and Reproducing a Time Interval», *Current Biology*, 25, 2015, pp. 2599-2609.

117. M. Heidegger, *Einführung in die Metaphysik* (1935), en *Gesamtausgabe*, Klostermann, Frankfurt, vol. XL, 1983, p. 90 [trad. esp.: *Introducción a la metafísica*, Gedisa, Barcelona, 2009].

118. M. Heidegger, *Sein und Zeit* (1927), en *Gesamtausgabe*, *op. cit.*, vol. II, 1977, *passim* [trad. esp.: *Ser y tiempo*, Trotta, Madrid, 2012].

119. M. Proust, *Du côté de chez Swann*, en *À la recherche du temps perdu*, Gallimard, París, vol. I, 1987, pp. 3-9 [en español hay varias ediciones, con los títulos alternativos de *Por el camino de Swann* o bien *Por la parte de Swann*].

120. *Ibídem*, p. 182.

121. G. B. Vicario, *Il tempo. Saggio di psicologia sperimentale*, Il Mulino, Bolonia, 2005.

122. La observación, bastante común, figura por ejemplo al comienzo de J. M. E. McTaggart, *The Nature of Existence*, Cambridge University Press, Cambridge, vol. I, 1921.

123. Quizá *Lichtung* en M. Heidegger, *Holzwege* (1950), en *Gesamtausgabe*, cit., vol. V, 1977, *passim* [trad. esp.: *Sendas perdidas*, Losada, Buenos Aires, 1969].

124. Para Durkheim (*Les formes élémentaires de la vie religieuse*, Alcan, París, 1912), uno de los padres de la sociología, el concepto de tiempo –como las otras grandes categorías del pensamiento– tiene su origen en la sociedad y especialmente en la estructura religiosa que consti-

tuye su forma primaria. Aunque esto puede ser válido para los aspectos complejos de la noción de tiempo –para las «capas más externas» de esta–, me parece difícil que pueda extenderse a la experiencia directa del paso del tiempo: otros mamíferos tienen un cerebro casi igual al nuestro, y, por lo tanto, experimentan el paso del tiempo como nosotros sin necesidad de tener una sociedad o una religión.

125. Sobre el aspecto fundamental del tiempo para la psicología humana, véase también la obra clásica de W. James *The Principles of Psychology*, Henry Holt, Nueva York, 1890 [trad. esp.: *Principios de psicología*, Fondo de Cultura Económica, Madrid, 1989].

126. *Mahāvagga*, I, 6, 19, en *Sacred Books of the East*, vol. XIII, 1881. Para los conceptos relativos al budismo me he basado sobre todo en H. Oldenberg, *Buddha*, Dall'Oglio, Milán, 1956.

127. H. von Hofmannsthal, *El caballero de la rosa*, acto I.

128. Eclesiastés 3, 2.

129. Puede verse una presentación agradable y amena, pero fidedigna, de estos aspectos del tiempo en C. Callender y R. Edney, *Introducing Time*, Icon Books, Cambridge, 2001.

130. *Mahābhārata*, III, 297.

131. Cf. *Mahābhārata*, I, 119.

132. A. Balestrieri, «Il disturbo schizofrenico nell'evoluzione della mente umana. Pensiero astratto e perdita del senso naturale della realtà», *Comprendre*, 14, 2004, pp. 55-60.

133. R. Calasso, *L'ardore*, Adelphi, Milán, 2010 [trad. esp.: *El ardor*, Anagrama, Barcelona, 2016].

134. Eclesiastés 12, 6-7.

# CRÉDITOS DE LAS ILUSTRACIONES

Pp. 16, 23, 35, 62, 69: © Peyo - 2017 - Licensed through I.M.P.S (Brusselas) - www.smurf.com; p. 28: Ludwig Boltzmann, litografía de Rudolf Fenzi (1898) © Hulton Archive / Getty Images; p. 50 (izquierda): reloj de sol de la catedral de Chartres; p. 50 (derecha): Johannes Lichtenberger, escultura de Conrad Sifer (1493), reloj de sol de la catedral de Estrasburgo © Fototeca Gilardi; p. 54 (izquierda): busto de Aristóteles © De Agostini / Getty Images; p. 54 (derecha): Isaac Newton, escultura de Edward Hodges Baily (1828), según Louis-François Roubiliac (1751), National Portrait Gallery, Londres © National Portrait Gallery, Londres / Foto Scala Firenze; p. 97: Thomas Thiemann, *Dinámica de la espuma de espín cuántica vista con los ojos de un artista* © Thomas Thiemann (FAU Erlangen), Max Planck Institute for Gravitational Physics (Albert Einstein Institute), Milde Marketing Science Communication, exozet effects; p. 117: Hildegard von Bingen, *Liber divinorum operum*, Codex Latinus 1942 (siglo XIII), c. 9r, Biblioteca Statale di Lucca © Foto Scala Firenze – su concessione Ministero Beni e Attività Culturali.

# ÍNDICE ANALÍTICO

*Las páginas en cursiva remiten a las notas.*

# ÍNDICE

Segunda parte

EL MUNDO SIN TIEMPO



Tercera parte

LAS FUENTES DEL TIEMPO